A Required Class
on Net Zero
for Businesses

企業的淨零必修課

中央通訊社 著

推薦序
台灣的氣候治理與永續承諾

全球暖化造成地球升溫，並讓極端氣候事件增多，已經成為人類面臨的嚴峻挑戰。2024年是有紀錄以來最熱的一年，全球均溫首度超過工業化前水準1.5°C，這些極端氣候事件不僅是新聞標題，而是對我們的直接警訊。台灣是全球供應鏈的重要環節，更必須積極應對。

很多朋友詢問我，從民間的氣候倡議推動者，到政府服務，這10個多月你做了什麼？

我想最重要的就是台灣的碳定價「碳費」制度完成，正式從2025年開始徵收，這個非常難的議題，在產業、環團及民眾三方溝通下獲得共識推動。簡單的說，過去我們談氣候永續，表面的倡導較多，但回到實質面的碳定價才是真正的開始，雖然一開始費用較低，和減碳真實的成本有落差，但第一步讓大家習慣，未來我們努力推動，逐步走到總量管制的排放交易。

而最重要的，我們是否需要更積極也負責的氣候治理與企圖心？如何橫跨政府各部會、產業與民間來整合？最重要的轉變是賴清德總統在總統府成立「國家氣候變遷對策委員會」，這是由上而下的氣候治理，同時也納入產業、學界、各類民間團體及政府部會，也是社會溝通的一種方式。

這當中經歷了三次會議，行政院也積極地配合推動，這當中跨部會提出了新的減碳計畫，首先是2024年底由環境部公布第三期溫室氣體階段管制目標，將2030年減碳目標從**相較2005年減量24±1%**，提升至**28±2%**，展現我國對於全球氣候治理的承擔。而在2025年1月國家氣候變遷對策委員會更進一步提出減碳目標草案：

・2032年減碳32±2%（相較2005年）
・2035年減碳38±2%（相較2005年）

以2035年相較2007年台灣的排放峰值來看，新目標可減排43%至

47%，在目前各國提出的第三期國家自定貢獻（NDC 3.0）來看，在亞洲各國當中，台灣的目標僅次於日本，我們還有努力的空間。

這些目標的設定，並非憑空而來，而是**科學盤點**，**務實推動**，透過縝密的分析與規劃，由行政團隊與專家學者共同研議，採取「由下而上」與「由上而下」相結合的方式。各部會提出自主減碳計畫，但若減碳量不足，則由行政院進一步補強，透過六大部門「減碳旗艦計畫」提升減碳成效。

這是台灣NDC 3.0的「Beta版」，有人可能會認為進度太慢，也有人覺得太快，但我們所設定的目標，是建立在**負責任且可行的基礎上**。要實現這些目標，政府、企業、學術機構與民間社會都需共同努力。除了各部會深化減碳行動，政府也將透過六大創新支柱——**科技創新、金融支持、排碳有價、法規調適、綠領人才、社區驅動**——驅動產業與社會轉型，落實低碳生活。

此外，氣候變遷教育必須從國家層級推動，建立全民共識。環境部與教育部根據《氣候變遷因應法》，將規劃**永續發展導向的氣候變遷教育**，透過學校、社區、媒體等多元管道，提升全民對氣候變遷的認知，推動行動改變。

中央通訊社今年出版《企業的淨零必修課》一書，採訪多家企業減碳實務，並探討科技及金融機制如何支持企業的綠色轉型，以及目前低碳技術的發展運用，可作為產業轉型時的借鏡與參考。

邁向2050淨零排放，是全社會的使命。我們必須凝聚共識，共同推動低碳轉型，讓台灣在全球氣候治理的版圖上站穩腳步。這條路充滿挑戰，但我們並非獨行。雖然國際上正面臨許多的調整與改變，但聯合國氣候變遷會議即將進入 COP30，這當中雖有變化，有幾年速度慢一點，但從未有倒退的情境，我們會掌握歷史變化的機運，幫台灣找到最有利的條件，這不只是挑戰，更是翻轉的好機會。

環境部長　彭啓明

推薦序
接地氣的淨零實戰個案

全球氣候變遷的警鐘已然響起，極端氣候事件頻仍，對地球生態及人類社會帶來嚴峻挑戰。面對這場攸關地球物種存亡的危機，各國紛紛訂定淨零排放目標，期望透過能源轉型與產業創新，共同守護地球。目前已有百餘個國家，承諾要在2050年達到淨零排放的目標。台灣亦積極響應這波全球淨零轉型的浪潮，政府、企業、學術界及民間團體攜手合作，為永續而努力。

政府近年來積極推動綠色能源發展，並將淨零排放列為核心政策。經濟部作為產業發展的重要推手，不僅積極輔導企業的減碳作為，更透過公私合作的方式，推動綠色金融和永續投資，鼓勵企業投入綠色技術和再生能源，以提升整體的減碳能力。

在進入公部門服務之前，我長期專注在科技、光電、綠能等領域，深知企業在淨零轉型過程中可能面臨的困難與挑戰。因此，來到經濟部後，更全力支持企業數位化和低碳轉型，希望透過政策引導和實質支持，協助企業踏上淨零轉型的道路。

在此關鍵時刻，中央通訊社出版這本《企業的淨零必修課》，透過專業新聞採訪，蒐羅各界在減碳、綠色科技與永續轉型方面的實務經驗與成功案例，點出台灣產業在邁向淨零的進程中如何因應挑戰、尋找創新解方，最終達成多贏的目標。

本書收錄多家企業的成功案例，從傳統產業到新興科技領域，皆展現出各自的減碳策略與創新模式。例如，金晶集團透過3D列印技術革新鑄造產業，不僅提升生產效率，更大幅減少碳排放；源潤豐採取供應鏈整合策略，帶動上下游業者共同實現低碳生產；味榮食品則以有機釀造為核心，結合觀光工廠推動綠色轉型；太平洋自行車透過開發員工通勤碳權機制，為淨零碳排找到新的可能性。

除了企業的努力外，工研院等科研單位亦不斷鑽研綠色技術，作為產業永續的助力。政府部門提供明確的政策方向、完善的法規制度，以及有效的支持措施，引導企業積極投入減碳行動。此外，也加強國際合作，引進國外先進的減碳技術和經驗，為淨零排放目標努力。

淨零轉型不單是企業的責任，更是整個社會的共同使命。我們需要凝聚各界的力量，共同為台灣的永續發展努力。透過這本專書，希望能鼓勵更多企業加入減碳的行列，並喚起社會各界正視淨零轉型的必要性與積極作為。台灣企業應對氣候變遷帶來的挑戰，將減碳納入企業發展策略，相信能透過創新和合作，在淨零轉型的過程中找到新的成長動能。

《企業的淨零必修課》的出版可望為社會各界在淨零轉型路徑上提供寶貴的指導和啟發，也期許台灣企業能以更正面的心態看待淨零時代的來臨。淨零轉型不只是為了符合法規的要求，更是在下一輪產業競賽中勝出的核心優勢。

最後，要感謝中央社出版這本意義非凡的書籍，並向所有為台灣淨零轉型而努力的企業、機構、學者專家和社會各界人士致以崇高的敬意。讓我們攜手同心，共同為台灣的淨零未來努力！

經濟部長

推薦序
從必修到領航──
建立永續文化價值發揮影響

隨著氣候變遷帶來的各項影響日益嚴峻，加速實踐淨零目標成為全球必須嚴肅對待的考驗，這不單只關乎環境保護，更與產業轉型、提升韌性與經濟競爭力密切相關。應對這樣的現實，政府已經訂定2050淨零排放策略藍圖，賴清德總統更親自主持國家氣候變遷對策委員會，全面規劃更具魄力的政策，並推動各部門由自身做起，積極帶頭前行。

然而，任何政策要能成功、甚至深植人心、內化為信念與價值，民間參與更是關鍵。企業如何調整營運模式、消費者如何改變生活習慣、學術機構如何引領技術創新……都影響轉型的成敗。而面對這樣的挑戰，最重要的第一步即是喚起所有人的意識，願意理解現況、透過標竿學習，進而思考如何應用於自身所處環境，共同起身行動。

過去18年來，台灣永續能源研究基金會（TAISE）持續與國際連結，透過倡議、教育、正向鼓勵、論壇與展覽等各種方式搭建平台，積極整合各方力量傳達永續觀念，經歷一開始乏人問津的孤寂時期，很高興這幾年間終於逐漸受到各界重視，尤其加上許多新聞媒體發揮傳播力量，更推升永續成為熱門顯學。

中央社就是其中令人尊敬的熱心媒體，繼去年百年社慶出版《碳交易的28堂課》、舉辦實體論壇、開辦淨零碳排數位平台、Podcast節目，今年又再度出版這本《企業的淨零必修課》。書中透過真實案例和產業觀點，讓讀者看到不同領域企業如何應對轉型挑戰，在政策、技術與市場變遷中找到自己的定位，特別聚焦中小企業、傳統產業如何運用有限資源，務實推動淨零轉型的策略，善盡媒體責任，為廣大企業提供方向，更是難能可貴。

淨零之路不能單打獨鬥、孤軍奮戰，仰賴專業機構組織扶持，更有助企

業穩健轉型。這本書的第二部分就為各企業引介許多夥伴，像是金融機構不只能提供資金支持，還可協助企業評估現況、媒合所需資源；藉由驗證機構導入的國際標準，有助企業對準最新規範、滿足供應鏈的各項要求。另外，強化研究機構合作，更可望為企業開創新視野和商機。

而在關注眼前狀態之外，書中也前瞻未來發展趨勢，探討包括地熱、海洋能（潮汐能、溫差能、洋流能）到CCUS（碳捕捉、封存與再利用）研究與應用，以及各種新興科技助力淨零目標實現的機會。關懷國內產業與研究單位研發進度、同時介紹國外最新案例，引導讀者更深刻理解全球淨零轉型的脈絡與挑戰。

綜上所述，透過這本書，相信能讓更多人意識到淨零的重要性，啟發企業與個人投入行動，並且理解加速淨零與相關工作。這不僅只是為了環境，更有助經濟和社會成長，進而達成永續發展目標。

邁向全球淨零之路，政府正加速透過各項政策與配套措施，輔導企業低碳轉型，並透過碳費等制度與國際減碳標準、供應鏈的規範接軌，許多領先企業也都已經將碳管理、淨零納入長期發展戰略，同時透過ESG提升自身品牌價值。這也意味企業必須將淨零視為增進自身競爭力的核心戰略，唯有積極主動、及早回應，才能在未來市場競爭中生存，進而朝向永續發展。

TAISE長期觀察台灣企業在永續與淨零目標的表現，非常值得國人驕傲的是，經過這些年來的努力，近來許多企業在國際永續評比中屢創佳績，甚至位居全球同產業之冠。展望未來，期待無論企業、學校、醫院、政府機構、非營利團體……更多組織都能在過往建立的基礎上精益求精、追求卓越，進而連結跨領域夥伴合作，創建組織內外的永續文化和價值。不單只在淨零必修課中求取合規及格，更要追求高分、發揮更大的影響力，再創舉世稱揚的台灣奇蹟，為全球淨零發展貢獻力量。

總統府國家氣候變遷對策委員會顧問
台灣永續能源研究基金會董事長　簡又新

出版緣起
迎向淨零，化挑戰為轉機

氣候變遷威脅日益加劇，2050淨零排放已成全球共識。在此浪潮之下，企業無論規模大小，都面臨前所未有的壓力，如何推動綠色轉型，已是當務之急。

有感於氣候議題的急迫性，中央通訊社本著國家媒體的公共服務使命，2024年推出《碳交易的28堂課》，盼對陷入「碳焦慮」的企業提供碳權交易與減碳策略的實務指引；而今，我們再度策劃《企業的淨零必修課》一書，更聚焦於台灣企業的減碳實踐，探索如何在轉型過程中尋求突破，將綠色轉型視為公司的發展契機，而非沉重負擔。

本書秉持新聞專業精神，實地走訪產業現場，全書內容分為三輯，一為「透視企業淨零軌跡」，記錄企業如何減碳，化危機為轉機；二為「掌握綠色轉型助力」，涵蓋政府如何藉由金融機構投融資服務與前瞻技術，帶領產業轉型；三為「探索能源低碳技術」，剖析台灣在前瞻能源與負碳領域的發展趨勢。透過這三大面向、27篇具體案例，呈現百工百業如何將減碳理念落實於日常營運，甚至提出深具在地特色、充滿創意的解決方案。

在這些故事中，我們也看見台灣企業面對危機所展現的韌性。例如，鋼鐵鑄造業者源潤豐，集結產業鏈百家廠商，打造傳產綠色生態系，以團體戰因應生存威脅；造紙大廠中華紙漿，早在建廠之初就有先見之明，將造紙廢料「轉廢為能」，發展木質素發電已逾半世紀；製鞋公司馳綠將循環經濟理念融入品牌，推出訂閱制舊鞋換新鞋、「新國民藍白拖」，創造契合台灣文化特色的新商業模式；永瑞實業回收夜市、餐廳廢食用油，精煉為永續航空燃料（SAF）原料，不僅外銷歐洲，也為台灣建立SAF自產供應鏈貢獻心力。

在邁向淨零的路上，更有許多不可不提的重要幫手，如工業技術研究院

多方整合跨領域技術，導入AI，助攻產業低碳轉型；新創企業加雲聯網，以電網技術服務為核心，從儲能、虛擬電廠到綠電交易，為企業客戶客製能源解方；信保基金則協助中小企業解決營運資金需求，扶植企業綠色轉型。

然而，若要實現淨零目標，絕非僅靠減碳便能達成，綠色能源及負碳技術同樣也是關鍵。本書進一步探討台灣現正如火如荼發展的地熱發電，以及海洋發電等前瞻能源的挑戰與機會；台電公司與各石化業龍頭如何前仆後繼，全力投入碳捕捉、碳封存等技術研發。我們也善用海外特派員優勢，採訪報導美國加州新創公司的地熱新技術、冰島全球最大碳捕捉廠等國際案例，提供讀者更寬廣的視野，讓國際經驗成為台灣的重要借鏡。

此外，為協助企業評估自身減碳狀況，本書特別與第三方專業機構英國標準協會（BSI）合作，於書末提供「企業減碳自我檢核表」，幫助企業快速找到適合自己的減碳行動方向。

在採訪過程中，我們發現，許多企業已不再只是受制於法規命令或供應鏈要求，無奈被推上淨零賽局，而是在減碳轉型過程中，驚喜於營運成本的「有感」下降，進而積極進攻，甚至透過綠色思維，為瀕臨關門的企業在困境中開創出一條新路徑。

面對2050淨零目標，雖然時間緊迫、挑戰重重，但機會也處處可見。中央社傾力獻上《企業的淨零必修課》，不僅是一部減碳指南，我們更希望讓讀者看見，減碳並非遙不可及，綠色轉型正是企業提升品牌價值、創造新商機的契機。

期許這些故事能為更多企業帶來啟發，在變局之中找到立足之地。

目　次

推薦序

台灣的氣候治理與永續承諾／彭啓明 ……………………………002

接地氣的淨零實戰個案／郭智輝 ……………………………004

從必修到領航——
建立永續文化價值發揮影響／簡又新 ……………………………006

出版緣起

迎向淨零，化挑戰為轉機 ……………………………008

Chapter 1　透視企業淨零軌跡

3D列印創新製程
金晶集團引領鑄造革命 ……………………………016

減碳打群架
源潤豐帶頭求共好 ……………………………022

老字號味噌品牌闖新路
味榮以有機永續釀香　　　　　　　　　　　　　　028

迎向下個世代的需求
太平洋自行車的綠色「折」學　　　　　　　　　　034

從錯誤中學習減碳
東欣的永續未來路　　　　　　　　　　　　　　　040

啟動沼氣發電
金門酒廠化廢水成綠電　　　　　　　　　　　　　046

燒黑液變綠金
華紙轉廢為能占低碳先機　　　　　　　　　　　　052

故事是一切的根源
馳綠線性到循環的製鞋路　　　　　　　　　　　　058

夕陽產業長出綠實力
deya打造封閉循環零碳包　　　　　　　　　　　　064

開展台灣貴金屬循環經濟
聯友掀廢電池再利用革命　　　　　　　　　　　　070

廢食用油變身永續燃料
永瑞做航空業減碳助力　　　　　　　　　　　　　076

Chapter 2　掌握綠色轉型助力

工研院導入AI
助產業邁向淨零排放 ………………………………………… **084**

從智慧機械到綠色智造
精機中心帶動永續發展 ………………………………………… **090**

數位賦能電網轉型
加雲聯網為淨零助攻 ………………………………………… **096**

企業應戰綠色轉型海嘯
BSI：標準即解方 ………………………………………… **102**

助中小企業綠色轉型
信保基金給魚也給釣竿 ………………………………………… **108**

直球對決淨零
會計業促企業植入減排DNA ………………………………………… **114**

永續長路一起走不孤單
玉山金與企業攜手同行 ………………………………………… **120**

Chapter 3　探索能源低碳技術

挑戰變質岩與深層地熱探勘
台灣地熱發電新篇章 ………………………………………… **128**

加州地熱發電夯
新創公司新技術活化舊設施 136

四面環海坐擁金山
台灣發展海洋能的機會與挑戰 142

向大海找能源
台灣黑潮發電不是夢 148

年碳排九千萬噸
台電布局負碳技術 154

石化廠淨零總動員
不只減碳全力拚負碳 160

全球最大碳捕捉廠
冰島長毛象除碳封存萬年 166

能發電又去廢
SRF成減碳幫手 172

瑞典燒垃圾發電
轉廢為能全球典範 176

附　　錄：企業減碳自我檢核表 181

Chapter 1 透視企業淨零軌跡

當全球邁向淨零未來，企業不僅是變革的參與者，更是推動低碳轉型的重要驅動力。本輯精選11個轉型實踐案例，呈現企業如何在技術創新、供應鏈管理、資源循環利用、以及合作夥伴策略上尋找轉型突破之道。參考「典範案例」，是企業在淨零轉型過程中行之有效的策略，透過借鏡先行者的經驗，能更快速找到適合自身的減碳路徑、確保企業競爭力不因國際貿易規範與技術標準改變而受影響。這些案例凸顯了企業內部協作與技術升級的重要性，為企業如何在淨零時代生存與成長提供了寶貴參考。

導讀／劉哲良（中華經濟研究院能源與環境研究中心主任）

3D列印創新製程
金晶集團引領鑄造革命

文 ◎ 陳姿伶

走進金晶矽砂公司位於苗栗銅鑼的中興廠，廠房後方的大片空地，矽砂屯聚如連綿的山丘。黃褐色的砂堆，是開採自苗栗礦區；進口自越南的，則稍顯白；而來自澳洲的矽砂，因純度最高，在陽光照射下，捧在手心隱隱透著光芒，晶瑩如鹽。

廠房一隅，巨型袋子堆疊著，那是烘乾、篩分等加工處理過的砂，準備運往各界客戶；而另一處，擺放著目前台灣業界唯一的3D列印砂模機，在近年經驗與技術的積累下，正承載著驅動台灣鑄造業綠色升級的動力與夢想。

五天完成打樣　效率與環保的雙贏

「我們主要是做矽砂，一開始被當作砂石業，後來是礦產，現在變成資源了，因為它運用得愈來愈廣泛。」金晶關係企業執行長羅文龍受訪道出矽砂的價值轉變。

矽砂用途上百種，運用產業不勝枚舉，舉凡鑄造用砂模、玻璃、建材、手機面板、運動休閒場地、水質過濾，甚至連電子與半導體等，矽砂都扮演著關鍵角色。

金晶矽砂成立於1977年，與光瑩礦物、金松化工等公司同屬金晶集團，主要販售矽砂及樹脂、硬化劑等鑄造相關材料，供應給鑄造及玻璃業等。以鑄造來說，台灣鑄造廠製作砂模的相關材料約65%都是由金晶提供。

鑄造是工業之母，包括汽機車、工具機等零件都要透過鑄造生產。傳統鑄造製程繁複，從人工接單、設計模具開始，到完成鑄件打樣，整個流程

■ 金晶集團主要販售矽砂及樹脂、硬化劑等鑄造相關材料，後排中為集團執行長羅文龍，後排左4為金晶國際先進事業處經理陳一中，前排左3為金晶矽砂協理范整明。（金松化工提供）

約需2.5個月。若再考慮台灣製模師傅不多，案件往往得排隊等待，時間更是漫長。

2015年，金晶矽砂在政府輔導下導入3D列印製作砂模，2020年更參與金屬工業研究發展中心的計畫，成立國內第一家3D列印鑄造服務中心，設置D-Casting數位鑄造服務平台，包含設計、分析及3D列印鑄造模具服務，由金晶穿針引線，整合鑄造業上中下游，包括鑄造廠、加工廠、模具廠等，組成跨域生態系國家隊。在一條龍的服務下，約5天即可完成打樣。

這不只代表鑄造業往工業4.0自動化生產方向前進，也是邁向綠色製程的一大步。

從減法製造到加法製造　鑄造節能減碳新模式

在傳統鑄造流程下，必須先製作木模、金屬模，將模型放入造型箱翻砂造模，取出木模或金屬模後，再將熔融金屬倒入砂模腔體澆鑄，待金屬液冷卻凝固後拆模清理，將鑄件打磨加工完成，關卡重重。

然而，透過3D列印技術，能省去製作木模、金屬模的過程，直接製造砂模；而透過模流分析，毋須真正生產試做，就能透過電腦分析預先模擬模具內金屬液流動及凝固情況，檢討模具方案。

少幾個流程，乍看好像沒什麼，在實務上可是大大減省物料、能源、人力和時間。「每一個動作都會有CO_2，時間與製程減少，就是節能減碳。」羅文龍解釋，除了省去製作木模、金屬模的步驟以外，以傳統做法，光是一個鑄件，可能就要開好幾套砂模製作後才能組裝完成，端看鑄件的複雜程度，若5部模具才能湊出一個鑄件，5部模具就要開5部機台；透過3D列印，放入圖紙後就能自動運作，不需人力，且只要一套模具就能讓鑄件一體成形。

金晶國際先進事業處經理陳一中這樣形容，傳統製模是減法製造，猶如做手工餅乾一般，「會先把麵團揉好，然後拿模具這樣一塊一塊（壓出餅乾的形狀），那剩下的就要丟掉了，或是再揉，但是再揉前面做的這些功夫，還是有成本的」；而3D列印相對就是加法製造，「我要的我才噴樹脂、硬化，需要的地方才被生產出來。」

傳統造模全憑師傅經驗與本事，師徒相傳。過去沒有模流，羅文龍說，「包括澆鑄要開幾個口，要開什麼口徑，用公式去算，或用想像，至於澆鑄出來結果怎樣？不曉得。」製成後發現缺陷就得反覆修改，過程產生許多廢料，也耽擱許多時間。

2020年成立D-Casting數位鑄造服務平台後，產業鏈上已有130多家公司加入會員，目標是增進鑄造業情報的流通，縮短開發時間，提高接單能力。客戶只要將鑄件的需求在D-Casting平台上提出，就能享受一站式服務。

D-Casting也是電子商務的一環，陳一中說明，在鑄件成形的繁複流程中，在傳統實務上，都要由產業鏈上下各公司的業務去跑，「交設計圖啊，去追單啊，那個追單不是打電話，是你必須到現場」。過程中交通或是紙張的耗費都是碳排，「因為企業最重視保密，所以都要自己帶圖

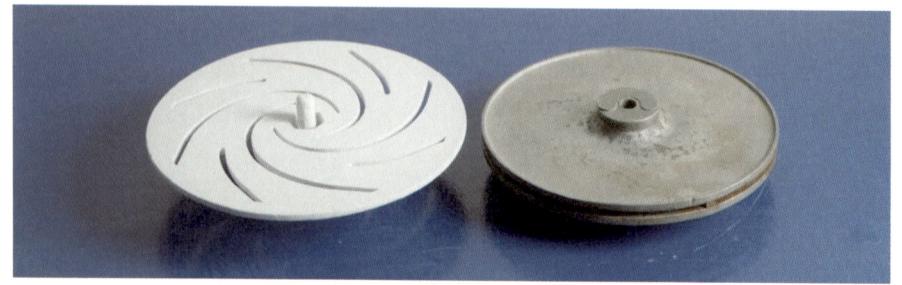

■以不鏽鋼封閉式葉輪的鑄件為例，以傳統鑄造法製作有難度，過去台灣無法承接，如今以3D列印的方式克服了砂芯精度的問題。左為3D列印製成的砂芯，右為鑄件成品。（金松化工提供）

■透過3D列印砂模機,能大大減省傳統鑄造法所浪費的物料、能源、人力和時間。(金松化工提供)

紙去給你看。你能不能做?你不能做,我圖紙就帶走,那是我們台灣一個業務型態。」

未來,希望逐步帶動產業習慣數位化的資訊流動方式,透過D-Casting,線上開放會員自由接單;目前則由擁有3D列印機台與技術的金晶矽砂負起整合的角色,依據會員的特長分配工作。

談到接單狀況,陳一中坦言,台灣利用3D列印技術生產鑄件的比例仍不高,尚待觀念上的推廣與轉變,目前的案子主要落在講求時效的新開發樣品;或是廢版或絕版的再生產品,以免除為了少量鑄件而大費周章重開木模的問題;又或者是形狀特殊或複雜的鑄件,因使用傳統鑄造法良率低,修復加工的成本高,也會傾向使用3D列印造模生產。隨著金晶在業界累積信賴度,不少汽機車大廠也積極合作。

不過主業在砂材的金晶,目標並非在3D列印上大發利市,而是藉此提供客戶測試3D列印的產量及效率,希望拋磚引玉,拓展台灣鑄造業在3D列印的運用。未來若有更多的廠家購置3D列印機,金晶則能轉為提供砂材與列印技術的角色。

陳一中認為，隨著3D列印設備價格下降，以及台灣造模師傅日漸高齡化，逐漸逼近不得不轉型的十字路口，3D列印在鑄造業的發展可期，「我們有一個鑄造廠的客戶，員工平均年齡是63歲，是70幾歲的老師傅帶著30幾歲的移工在做。」

再生砂不只有效減廢　鑄件品質再提升

在發展綠色製程上，除了3D列印，金晶集團也推動廢砂回收再生。因為每個砂模只能一次性使用，透過循環經濟，能減少礦區開發，降低生態破壞及水汙染，也有效減廢。

羅文龍解釋，用來造模的矽砂，必須先在砂粒表面包覆樹脂，而當砂模經高溫澆鑄後，樹脂分解，模具也崩散了，金晶集團就從鑄造廠回收，去除掉不要的金屬碎屑，透過焙燒、冷卻、研磨造粒、篩析等過程後，再以新砂、再生砂各半的比例投入運用。

再生砂不只減廢，還能提升鑄件品質。因為新砂遇熱時，膨脹係數為1.7%，但焙燒後膨脹率少了一半，能提高鑄件產品的尺寸穩定度。羅文龍比喻，「跟爆米香一樣，爆過之後的米香再爆一次，它就不會再變大了嘛。」金晶矽砂協理范整明提到，日本一些公司的精密鑄件，甚至要求以100%的再生砂造模製作。

台灣在苗栗雖有矽砂礦區，但因純度較差，僅能用來製作有色啤酒瓶及濾水等低階用途，若要生產如手機面板等更高階的產品，就必須仰賴自澳

■矽砂純度愈高，顏色愈白。圖為來自澳洲的矽砂。
　（金松化工提供）

洲及越南的進口砂。陳一中說，因開採與長途海運的碳排相當高，雖未經過正式的計算，但在台灣做再生砂碳排應相對較低。

且隨著台灣廢棄物掩埋的費用提高，范整明說，近年許多大廠都非常樂意配合金晶全數回收廢砂。

設備大改造　耗能減少、單位產量大增

在節能方面，金晶也引進先進設計，改造乾燥機與篩機。如今，以單廠來說，在相同耗能下（10kWh），乾燥機單位產能從17噸提升到28噸，而篩機則從24台（耗能60kWh），改造為只要兩台（耗能20kWh）就能處理28噸的分篩作業。因篩機大減，連帶集塵設備需求也降低，集塵效果變好，耗電減少，廠內環境也大大獲得改善。

此外，集團內4個砂廠也從早期燃燒重油，於2016年後改由天然氣取代；而其中用電量最大的銅鑼廠，也將裝設智慧電表。

金晶集團已完成首次碳盤查，產品碳足跡則預計在2025年完成認證。身兼低碳產業永續發展聯盟副理事長的羅文龍霸氣地說，「既然當龍頭企業，我們就要先做」，除了積極鞭策公司內部節能減碳，他也樂於向業界分享實務經驗及相關資訊，「以前每一個人都當成機密，我們既然要做，就要把這些事物去跟人家說，讓別人去做衍生。」

從D-Casting到節能減碳，透過資訊的開放與流通，金晶帶頭打破台灣傳統鑄造產業各自為政的營運作法，因為唯有站在巨人的肩膀上，才能看得更遠，以更大的接單優勢，應對全球化的競爭，迎接永續發展的挑戰。

金晶關係企業
- 成立時間：1977年
- 董事長：黃謙賜
- 員工總數：約200人
- 總部：台北市中山區
- 主要產品：矽砂、樹脂殼模砂、呋喃樹脂、電子級樹脂、石英粉、3D列印等

本課重點
- 3D列印取代傳統砂模製作
- 廢砂回收再生
- 跨域生態系
- 電子商務
- 更換耗能設備

減碳打群架
源潤豐帶頭求共好

文◎顧旻

企業的淨零必修課

　　偌大廠房座落在台中神岡區溪頭路上，北鄰大甲溪與中港系統交流道、南接台中國際機場的傳統產業聚落。聚落裡蘊藏許多機械工業廠家，上中下游供應鏈涵蓋精密機械、工具機及零組件廠，群聚經濟效益龐大。

　　根據台中市經濟發展局統計，座落在「潭雅神」地區[1]的工廠數量僅占大台中地區的1成左右，但是總產值卻高達6成。因此，有人將此地譽為大肚山下的「黃金縱谷」，優異的工業生產技術與無數「隱形冠軍」，讓台灣的機械產業揚名國際。

　　而成立於1974年的源潤豐鑄造公司，是全國鋼鐵鑄造業的佼佼者，為台灣機械工業發展奠定重要基礎。

　　「鑄造是熔煉的過程，也就是金屬成形的過程。」源潤豐鑄造公司總經理黃獻毅解釋，鑄造的主要製程為將金屬熔煉成鐵水，再把鐵水倒入模具，最後拆模成為欲鑄造物件的形狀。黃獻毅說，我們的生活中充斥許多鑄造物件，從家用平底鍋到汽車輪框，皆需鑄造技術將金屬定型。

供應鏈在地化　一條龍服務搶占優勢

　　全球前十大工具機廠家半數以上，都是源潤豐往來的客戶，包含德國Heller、日本MAKINO等國際大廠。黃獻毅表示，源潤豐長期耕耘機械類鑄件，專注投入高精密度、中大型鑄造設備，以少量多樣、客製化產品為主軸，產品涵蓋工具機用鑄件、產業機械、船舶引擎、航太設備、大型能源鑄件等。

1　潭雅神：台中市潭子、神岡、大雅三區合稱。

■源潤豐鑄造公司是台灣鋼鐵鑄造業的佼佼者。圖為工廠全景。（源潤豐提供）

「我們一年做的東西可能有2,000多樣，最大單重可以達到50噸級。」黃獻毅指出，高效率製程、穩定的交期與高成功率的客製化機型開發，是源潤豐與客戶保持深厚信任的關鍵。

除了良好的鑄造技術，源潤豐一條龍式的服務擴大了產業製程優勢。黃獻毅說，鑄造這件事情需要有不同的廠商協力溝通，以國外來說，彼此的製程很難集結在一起。端看美國，每一個供應場都相距上千公里，持續來往運送數十噸的物料，開發效益相當低落。源潤豐統整台灣在地產品研發、模具開發、製程優化、鑄造到鑄件加工、表面處理等環節，提供各國廠家一站式鑄件服務，節省個別接洽的人力及時間成本，也成功讓鑄造產業供應鏈在地化，為中部機械產業注入龐大經濟動能。

島國經濟倚重外銷，台灣產業發展緊繫國際資本市場脈動，尤其在全球淨零浪潮下，歐盟祭出「碳邊境調整機制」（Carbon Border Adjustment Mechanism, CBAM），對進出口水泥、鋼鐵、鋁、化肥等高碳密集型產品收取憑證，將氣候規則與低碳轉型規範納入國際貿易秩序。至此，產業低碳轉型已經不僅是環境問題，更是攸關企業發展的生存問題。

不僅製程節能減碳　從設計源頭就把關

「我們的製程中，需要有保護鐵水的膠管，過去是用陶瓷做的，用完不可回收、當事業廢棄物掩埋；但換了紙膠管後，用完直接燃燒，便減少對環境的衝擊。」從日本引進新興膠管材料技術，以及植物性用油取代化學酸液，黃獻毅在製程材料知識上學而不輟，持續尋找低碳替代材料，致力將褐色供應鏈轉型成綠色生產體系。

此外，鑄造必經的熔解過程，不出煤炭、天然氣和電力作為爐體能源供應來源，早在20年前，源潤豐已不再使用煤炭燃燒的方式驅動爐體，以天然氣全氧式迴轉爐、電爐作為主要熔解方式。

除了硬體建置，他也要求各廠區內各部門同仁做精實管理，並制定部門績效指標；同時，在廠區導入內部碳定價思維，使應汰換的高碳排生產原物料及早顯現，再逐漸拉高替代性原物料，例如再生鐵料的比例。

值得一提的是，源潤豐不只在產品製程端積極減碳，在設計與研發階段亦然。當業主委託設計與研發產品時，黃獻毅都會先做產品碳足跡推估，「基本上有7成的碳排放來源，是在你產品設計的時候就決定了。」黃獻毅會告訴客戶，如何替換材料、降低產品設計的碳排放量。

■源潤豐提供鑄件設計、造模、澆鑄和部分加工服務，圖為澆鑄的過程。（源潤豐提供）

源潤豐取得ISO 14064組織碳盤查和ISO 14067產品碳足跡第三方認證，亮眼的減碳轉型成績，吸引更多國外客戶建立合作關係。

七成碳排來自上游　領悟集體的力量

黃獻毅說，早在CBAM相關討論剛出來時，源潤豐已做了詳實的碳盤查，即時掌握供應鏈碳排結構；此舉也令德國客戶驚嘆，表示源潤豐是台灣第一家提供詳細檢核報告的鑄造廠商。

「歐洲是我們很大的一塊市場，國際市場很重視供應鏈管理和碳足跡盤查。」以工具機產業鏈來說，源潤豐屬於上游廠商，在此產業鏈中，鑄件是最大的碳足跡來源。黃獻毅意識到，產業低碳轉型勢在必行，畢竟牽涉到市場發展與企業形象，一旦走得比別人慢，產品市占率可能遭受影響。

黃獻毅坦言，鑄件屬於高耗能產業，一開始推動產業低碳轉型，確實有一定的困難。源潤豐負責鑄件設計、造模、澆鑄和部分加工，在鑄造產業鏈中碳排僅占3成左右，有7成的碳排放是來自於上游金屬原料供應端，包括生鐵礦的開採、煉製及運輸，「等於是說，不管我怎麼改善，只有3成是自己可以控制的。」

幾番思考後，黃獻毅認為，「要以生態系的思維去解決，跟我們的供應鏈廠商努力溝通。」他深知，中小企業只能打團體戰，因台灣的傳統產業多是幾個人的工廠，轉型需要更多時間，無法像蘋果公司（Apple）或是台積電一樣，隨時可以把不配合的供應鏈換掉，過於躁進和貿然推動轉型，恐怕會影響許多人的生計，也會讓供應鏈跟不上腳步，「如果我們希望供應鏈在地化、不外移，那就必須帶著大家一起做。」

因此，他一方面積極開發低碳材料、汰換設備減少源潤豐生產過程的碳排外，也積極協助供應鏈業者找到減碳解方與拓展綠色製程。

集結百家廠商　打造傳產綠色生態系

對黃獻毅而言，產業淨零轉型是共好的追求，當導入新興材料或習得能源管理技術時，他也不吝分享給供應鏈夥伴，盡可能讓不同業者看到改善製程帶來的生產效率，以及減少碳排後的經濟成效。

「增效、減碳和創能，基本上是製造業的3種減碳方式。」黃獻毅強

調,要帶動供應鏈業者轉型,就必須找到已經「落地」、可採用的技術,希望供應鏈業者可以將減碳思維落實日常,精實每一天的公司治理模式。2022年9月,黃獻毅集結上百間廠商,成立「低碳產業永續發展聯盟(Low Carbon Industry Alliance)」,包含上游原物料、鑄造、鍛造、壓鑄等金屬成形廠商;中游零組件、滾珠螺桿、板金、自動化等中間加工製程廠家;下游包含機械、木工機、手工具、汽車模具、扣件等成品組裝廠家。

「供應鏈很龐大,但是好處是大家都在中部。」黃獻毅笑著說,花了一年半的時間,把150家廠商聚集在一起,透過成立協會的方式,彼此交流技術和建立盤查制度。聯盟亦建立「碳資料庫」,幫助業者優化工廠生產效率,從資料庫記錄分析每一個生產環節產出的碳排量。聯盟很重要的工作還包含協助產業鏈中的不同廠家建立智慧化數位轉型觀念,將資料庫數據導入碳管理系統,並連結企業資源規劃(ERP)[2]、製造執行系統

■源潤豐長期耕耘機械類鑄件,圖為廠內鑄造設備。(源潤豐提供)

2　企業資源規劃(Enterprise Resource Planning, ERP):整合企業管理理念、業務流程、基礎數據、人力物力、電腦硬體和軟體於一體的企業資源管理系統。

（MES）和供應鏈管理（SCM）等系統，提高廠家生產效能，並減少成本損耗，體現淨零與數位的雙軸轉型精神。

所謂雙軸轉型，是歐盟為了達成《巴黎協定》限制升溫攝氏1.5度的目標，提出各國政府應積極推動如製造業、交通、建築和其餘商業部門的數位化，透過提升生產效率及企業商業模式轉換，協助企業數位轉型以達成永續綠色目標。

黃獻毅集結業者力量的同時，更積極與工業技術研究院與金屬工業研究發展中心合作，走在淨零新興技術前沿，引領產業鏈綠色轉型。在低碳產業永續發展聯盟成立大會上，黃獻毅曾說：「減碳是人類社會唯一僅存的底線和共識。」此語象徵黃獻毅面對產業低碳轉型的決心，以及留給下個世代永續未來的願景。

黃獻毅回想起有一天回家，他4歲的孩子突然抓著他的手，問他：「爸爸，你知道什麼是SDGs[3]嗎？你怎麼在用塑膠袋？」他感觸很深，一個連英文都不太會說的小孩，卻已懂得提出這個問題，下一代可能要承擔更多環境問題，而這些氣候危機已漸漸深植在下一代的心中。因此，無論企業怎麼發展，都必須承擔起一份責任，那一份為下一代打造更好未來的職責。

源潤豐為台灣金屬產業創造綠色生態鏈，也讓台中成為鑄造產業淨零轉型的起家厝。這個綠色生態系的構想，是打造淨零共同體的隱喻，伴隨黃獻毅炙熱而堅定的意志。

---

[3] SDGs（永續發展目標）：為 Sustainable Development Goals 的簡稱，聯合國2015年宣布了「2030永續發展目標」，包含消除貧窮、減緩氣候變遷、促進性別平權等17項核心目標，其中涵蓋了169項細項目標、230項指標，指引全球共同努力。

源潤豐鑄造股份有限公司
- 成立時間：1974年
- 董 事 長：黃加再
- 員工總數：約200人
- 總　　部：台中市神岡區
- 主要產品：鑄件、產業機械、船舶引擎

本課重點
- 串聯鑄造業上下游
- 供應鏈在地化
- 內部碳定價
- 雙軸轉型
- 更換耗能設備

老字號味噌品牌闖新路
味榮以有機永續釀香

文 ◎ 楊迪雅

穿行台中豐原蜿蜒巷道，空氣中飄散幽微醬香，循香而去，專營醬料釀造的味榮食品已在此傳香80年。

家族第三代、總經理許立昇接棒後，面臨老廠轉型挑戰，他毅然選擇走向有機、綠色之路，並打造全台唯一以醬料作為主題的觀光工廠「台灣味噌釀造文化館」。2020年，味榮更榮獲經濟部節能標竿獎銀獎。

「我阿公說，做醬菜這行的，就是『枵袂死，袂好額』（iau bē sí, bē hó-giàh，餓不死，也不會富貴）。」許立昇笑稱，既然註定賺不了大錢，那不如在顧好本業之餘，多做一些有價值的事。

從有機開始的綠色轉型

走進台灣味噌釀造文化館，一樓空間設置大型招財貓、大紅燈籠及杉木桶，日系風格的外觀相當吸睛。廠房本身採用挑高及綠格柵設計，兼具美觀與通風功能，廠內並未裝設冷氣，許立昇說，「釀造業反而希望溫度要高一點，30度到35度是發酵最好的溫度。」

問起綠色思維是從哪裡來？他笑答，「模仿」是最好的開

■味榮食品總經理許立昇。（楊迪雅攝影）

始。在新建這座「綠色廠房」之前，他在國外看了100座工廠，不光是釀造同業，起司、巧克力，什麼都看。

踏出國門，才發現歐洲早在80年前就推行有機，無論是農法、雨水回收、土壤改良等，都已發展得非常成熟。他觀察，現今節能減碳、環保、愛地球的概念，一切風潮都始於有機。回到台灣，他告訴建築師，廠房所有建材、廢料，都必須可以回收。

「我們的轉型，其實是從有機開始。」許立昇表示。

■味榮2020年獲經濟部節能標竿獎銀獎。（楊迪雅攝影）

善用數位工具與政府資源　助力拚減碳

在「碳」議題還不像今天這麼熱門時，味榮就已起步。

2017年，味榮配合衛生福利部食品藥物管理署計畫，建置味噌及素沙茶醬兩項產品碳足跡排放係數；同年在廠內設置3套智慧電表，蒐集工廠用量數據，分析用電曲線，找出用電高峰時段的耗電原因；並藉由調整排程，避免多台設備馬達同時啟動，降低用電高峰期的負載。

2023年底，味榮再導入能源管理系統（EMS），與智慧電表相互搭配，即時蒐集各項設備的能源使用數據。在觀光工廠的參觀動線上，一台螢幕輪播著廠房的即時需量、能源分布等資訊圖表，負責人員也可在手機上監看，隨時掌握能耗軌跡。

導入智慧電表及EMS系統的同時，味榮逐步汰換生產設備，以天然氣鍋爐取代傳統重油鍋爐、改用變頻式空壓機等來降低碳排；辦公區域更換LED照明及一級能效冷氣，並加裝感測器及定時器，自動控制設備開關，進一步節約能源。

此外，味榮也從包材著手，過去醬油主要採用420或500ml的玻璃瓶包裝，但隨著外食、外送興起，消費者對醬油的需求量下降，味榮因應趨勢，將包裝改為以300ml為主，不僅符合現代消費習慣，也透過減少玻璃用量來達成減碳目標。

中小企業資源有限，不若大企業，可以大刀闊斧全面換新機台；尤其味榮是老廠，有些舊設備並沒有PLC（Programmable Logic Controller，可程式化邏輯控制器），無法自動化、傳輸數據，因此也無法詳實監控能耗，僅能分階段汰換、更新。「我的錢都是精打細算，要花在刀口上」，許立昇表示，轉型必須量力而為，但長久累積，也能聚沙成塔。

台灣已宣示2050年要達到淨零排放目標，許立昇也直言，政府推動減碳，一定需要「柱仔跤」（thiāu-á-kha，樁腳），他樂於參與、爭取曝光，例如味榮的EMS系統即是由經濟部商業發展署補助來裝設。「藉著參與輔導計畫，你做出自己的亮點，政府一定會把下次要推的再導進來，這就會成為一個循環。」

味榮並不一味倚靠外部顧問來協助減碳，而是讓「自己人」去學，公司

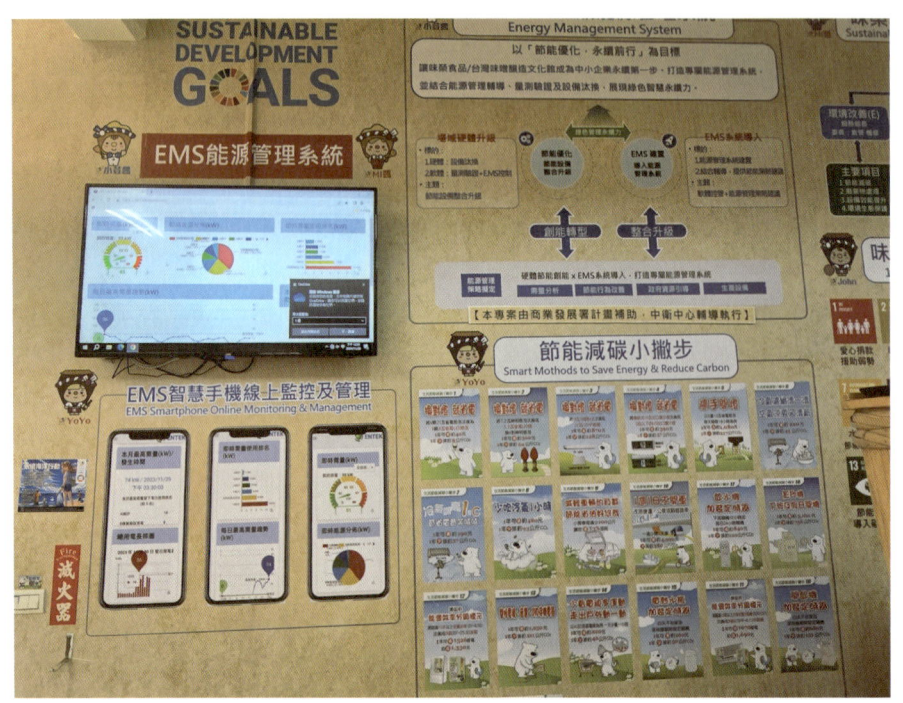

■味榮導入能源管理系統（EMS），設置在觀光工廠動線上，作為能源教育一環。（楊迪雅攝影）

■味榮打造觀光工廠「台灣味噌釀造文化館」，日系風格的外觀相當吸睛。（楊迪雅攝影）

內部建立永續發展委員會，鼓勵委員精進碳管理知識，唯有核心知識掌握在自廠人員的手上，才能因應製程改變而隨時調整、落地。

數位化也是味榮推動轉型不可或缺的重要工具，除了便於進行能源管理外，從人員出勤、業務追蹤，到產線與物流管理，都盡可能全面線上化，以簡化繁瑣流程、提升效率，同時達到節能減紙、精省人力的目的。在缺工日益嚴重的時代，面對業務員難尋的困境，味榮轉以LINE@線上客服經營客戶關係，取代傳統業務拜訪。

而以往釀造配方多靠長輩口耳相傳，如今透過數位記錄標準作業流程（SOP），不僅讓新進員工能快速上手，也讓技術知識得以系統化傳承。

創造體驗經濟　讓顧客更有感

味榮翻身轉型的關鍵，是「觀光工廠」和「有機」這兩大主軸。

觀光工廠的價值在於創造體驗經濟，這是大廠難以複製的優勢。但要讓消費者體驗什麼？在味榮，答案是「永續」。

從消費者踏入的每一步，味榮將節能減碳、環保觀念融入觀光體驗，比如向民眾募集回收紙袋，減少使用一次性包材；提供購物優惠，鼓勵以自

行車等低碳運具到訪；積極支持在地農產、小農契作，以實際行動實踐公平貿易。「永續、碳足跡的理念，和觀光工廠可以結合，讓顧客在體驗中理解這些事。」

這些努力也贏得了外界認可，2024年台灣味噌釀造文化館通過「Green Travel Seal綠色旅行標章認證」，曾任中華民國觀光工廠促進協會理事長的許立昇，更在期間推動全台永續旅遊，帶動20家工廠加入GTS認證行列。

而在釀造廠百家爭鳴的情勢下，味榮堅持有機，開創出自己的路。自2022年起，味榮參與農業科技研究院「臺灣農產有機國際推廣」計畫，前進日本，以「釀食料理秀」讓當地人實地體驗如何用有機醬油做台灣料理，將釀食文化推向國際舞台。

讓永續成為日常　打造釀造領導品牌

除了在生產、營運層面力求減碳，味榮透過教育訓練推廣永續理念，強化員工減廢、環保和節能意識，無形之中，員工也開始將能源效率列為設備採購的考量指標。永續思維不僅深入公司內部，還影響到每位員工的生活方式，進而體現在觀光工廠的導覽之中。

■味榮廠房採用挑高及綠格柵設計，兼具美觀與通風功能。（楊迪雅攝影）

「永續這件事,對員工宣傳,比起對外面宣傳還來得更重要。」許立昇強調,當員工親身感受並實踐永續理念,他們會自然地向家人和朋友傳遞這份信念,讓永續成為日常的一部分,「永續是無所不在的。」

2024年,味榮完成首次組織碳盤查,是為「碳盤查元年」。然而,在邁向永續的路上,味榮早已耕耘多年,以有機、永續、文化、行銷相互交織,走出獨特的發展路徑,未來也將一步步穩健前行,期許成為在台灣釀造業永續發展的領導品牌。

味榮食品工業股份有限公司
- **成立時間**:1945年
- **董 事 長**:許宗琳
- **員工總數**:約70人
- **總　　部**:台中市豐原區
- **主要產品**:味噌、醬類食品、有機食品、觀光工廠

本課重點
- 永續旅遊
- 有機釀造
- 包材減量
- 導入智慧電表及EMS系統
- 打造企業ESG文化

迎向下個世代的需求
太平洋自行車的綠色「折」學

文 ◎ 蘇筱雯

車行新屋永安工業區，遠遠就看見太平洋自行車創辦人林正義佇立花圃，高齡85歲的他耳清目明，人人喚他「阿公」，兩年前正式交棒下一代，現在每天的工作就是看書和整理花草。「阿公」引我們入「太平洋自行車博物館」一樓咖啡廳，擔任董事長的小女兒林伊華現身相迎，將廳後的隔音門俐落一推，組裝廠（二廠）便映入眼簾。

林伊華介紹同仁們正組裝的特殊車款，是西班牙Batec Mobility委託生產的三輪電輔車，1997年創辦人Pau Bach 18歲時騎重機摔成半身不遂，不甘於行動就此受限，自己設計了一台結合輪椅的輔助車，「他聽說我們有在協助創業者開發產品，就寫信來詢問。後來我們去西班牙拜訪，決定幫他生產的時候他好開心，說沒想到在不曾來過的亞洲台灣，竟有廠商願意幫他完成夢想。」如今，Batec已是西班牙政府重點扶植的企業之一。

這樣的案例多不勝數，1980年成立的太平洋，早期走傳統代工路線，90年代才轉型為「國際設計者的工作室」，並推出傳奇車款Birdy，以自有品牌打進頂級折疊車市場。

「1995到2005的10年間，我們大量協助國外設計師開發各式腳踏車，他們像和尚到廟裡掛單，帶著一個設計來，在這裡吃住幾個月，把概念變成產品。」太平洋至今協助全球超過30個品牌生產客製化商品，這些微型客戶一年也許僅下單50、100台，但對太平洋的依存度極高。

寧小勿大　因歐洲客戶開始「量體重」

「客人一旦大到一定的程度，我會建議他去找別人，因為量大以後需要壓低成本，那他自然就會去到該去的地方，不再是我們的客人了。」

■太平洋自行車創辦人林正義（右）與兩個女兒——董事長林伊華（中）、業務部協理林裳華（左）。（王飛華攝影）

獨樹一幟的經營方式，來自林正義立下的16字箴言：「找到自己，站穩腳步，寧小勿大，做我自己」。接班的三兄妹對此有高度共識，「我們為不同的人做出符合他們需求的車子，這樣的市場真的很小，選擇了這條路，我們就不能追求變得多大，而是找到最適合自己的規模。」林伊華解釋道。

「我們一整年的產量，巨大（Giant）大概一天就做完了」，因為量少，太平洋從備料到組裝檢測都自己來。行經興建中的三廠時，她說明，「我們一直都只有一條產線，蓋三廠不是為了擴大，是為了升級和永續。」2023年底，太平洋通過ISO 14064-1:2018溫室氣體盤查認證後，積極擘畫三廠的建置，預計2025年完成第一期工程，將納入可自動偵測、降低能耗的CNC機台[1]，以及有助減低耗損的AI研磨機器人等新設

---

1 CNC是電腦數值控制工具機（Computer Numerical Control）的簡稱，指的是可運用電腦程式設計來操作加工的機台。

備。此外，屋頂建置579片太陽能板，每年預計產生20萬度綠電、減少近10公噸碳排。

而太平洋綠色轉型的起點，其實來自半個地球外的歐洲。太平洋海外出貨占比超過50%，最大宗客戶都在歐洲，2018年透過歐洲客戶接觸淨零碳排的資訊，意識到其重要性，2021年與全球自行車業者共同簽署「自行車產業氣候變遷承諾」（Cycling Industry Climate Commitment），立定往後的發展方向，並以2030到2035年產線淨零為目標。

更近在眼前的是，歐盟碳邊境調整機制（CBAM）過渡期間，2024年開始須提交碳含量資料，自行車產業雖尚未受規範，但使用的螺絲、鋼材被納入首批管制範圍，太平洋從而開啟了首次的碳盤查。

若把減碳比喻成減肥，想減肥必須先知道自己幾公斤，而碳盤查就像量體重，掌握碳排才能著手減排。太平洋以2022為盤查基準年，「還好我們資料保留得很完整，但要花工夫整理，所以意識到第一時間收集資料是很重要的。」

接著做2023年的盤查時，「我們建置了一套系統，同仁在收到電費、油單的時候，他就知道要把數字key進去，這樣範疇一、二就很方便統計。」至於範疇三，出口報單、海空運登載資料本就詳細；現在太平洋

■雷射切割製程，需要人力與機器人共同協作。（王飛華攝影）

的廠商資料裡，還多了一個欄位記錄各供應商到太平洋的距離，並且為了要算每一個進貨原料的排放量，在既有的SOP外，多了一道秤重手續。

盤查過程中與上游供應商的溝通相當關鍵，「我們配合的廠商很多都是小型甚至微型企業，他們聽到碳盤查，一開始都很驚恐跟手足無措。」太平洋請外部顧問協助，設計了表格讓供應商填寫，據此提交CBAM。

對此林伊華建議，政府可以開發模板，協助中小企業填列資訊，供給下游廠商有品質的數據。「他們知道大環境的淨零趨勢，想做，但又害怕投入。假如給他們一些指引、降低投入成本，真的做下去以後，會發現沒有那麼難。」唯有連微型企業也提交碳排資料，整個產業鏈才算做得完整，對台灣2050淨零目標來說，也是相當重要的一環。

轉型路上軟、硬兼施

量過體重後太平洋著手「減肥」，推動減碳措施。從設計端開始考量，更改管件設計，以縮短焊接工序；使用綠電煉鋁的綠能鋁取代傳統鋁材，每1公噸可減少15公噸碳排。

「全廠的碳排怪獸是液體塗裝線的熱烘烤爐，它跟烤箱一樣需要預熱，當溫度提升到好幾百度之後，車子才能進去烤。」尤其液體塗裝須經多次烘烤工序，更讓碳排翻倍飆升。而粉體塗裝線配合的是紅外線烤爐，「紅外線就像微波爐，只有被烤物表面會加熱，速度又快，到時三廠也會優先選用。」

液體塗裝雖然碳排高，林伊華將之比喻為化妝，好處是畫錯了可以卸掉修改；粉體塗裝則一噴定生死，不容失誤或損傷。太平洋自有品牌的車子，已盡量改粉體塗裝，現在也鼓勵客人採用，讓製程變短、能耗變少，碳排也隨之降低。「做粉體塗裝必須提高細膩度，這要教育我們同仁，生產完的每個零件需要被保護、每一支鋁管都不可以重疊，絕對不能刮傷。」從硬體改善到內部溝通，太平洋一步步優化廠內SOP。

林伊華認為綠色轉型路上，花錢追求新硬體容易，軟體部分才最困難，包括人員教育訓練、重新安排製程細節。太平洋幾乎全廠都上過ISO 14064、14067訓練課程，同仁從中了解為什麼要收集資料、為什麼製程得吹毛求疵，對於改變既有SOP就不那麼抗拒。

自行車新玩法　通勤賺碳權

改善製程之外,「騎自行車」這件事本身,可能幫助企業減碳嗎?太平洋據此發想「能不能跟車友買回騎車產生的碳權,抵銷掉生產過程的碳排」?於是做了400份問卷調查民眾的騎車目的,卻發現每個人都是為了運動或娛樂,完全沒有人為環保而騎車。然而這樣的騎行目的並不能減碳,因為沒有替代效果。

自行車無庸置疑是綠色運具,但要真正跟碳權結合,不如想像中容易。與外部顧問研析後,太平洋確認「以通勤為騎行目的」是有替代效果的,員工通勤、公務出行的交通工具若改採自行車,可以減碳,還可能為企業取得碳權。尤其愈來愈多企業在做範疇三的員工通勤盤查,雖然此類碳排相對低,但在減無可減之後,仍是個值得切入的面向。

「相關紀錄跟基線取得並不容易,員工打卡時間、差勤報告,要再和騎乘紀錄做比對,才能確定他騎的這趟旅程確實屬於通勤或公出。」太平洋找上微程式合作開發IoT裝置,並與新加坡元宇宙綠色交易所(MVGX)[2]配合,催生「員工通勤自願性碳權」認證方案。

「很多綠色通勤案例走不下去的原因是成本太高,每次收集到的騎行數據,送第三方查證,一次要價至少1萬美元。」但MVGX客製方案,是由太平洋申請碳權再分配給各企業,企業可以花最低成本取得員工通勤的碳權。「我們開發的是類共享經濟的系統,大家都可以拿到對應的好處,才有參與誘因。」林伊華認為這將是一套永續共好的新商業模式。

此方案尚處測試階段,包括自家員工在內,目前共45位測試者。太平洋希望能推向國際,2025年也會有歐、美測試者加入,預計下半年正式上線。

認識自己　迎向下一個世代的需求

針對企業轉型,林伊華想將家傳的16字箴言送給大家,她認為「認識自己」最為關鍵,ESG、淨零大家琅琅上口,但不同產業差異很大,應該回歸到企業本身,找到自己的最適切入點。

2　新加坡元宇宙綠色交易所(MVGX):2018年成立,為提供碳盤查、減量、碳抵減(offset)、碳認證、碳資產交易等全方位服務之金融科技公司,並透過區塊鏈技術搭建交易平台。

■太平洋鼓勵同仁騎車通勤，停放區清一色為自家車款。（王飛華攝影）

　　她推薦中小企業可以多關注政府輔助方案，例如中小企業信用保證基金。細數太平洋每次的挑戰與轉型，都有信保基金從旁協助，1991年的財務危機、一廠智慧升級，乃至度過COVID-19疫情。「有人會以為信保不容易申請，但以我們的經驗來說並不困難，而且服務效率非常高。三廠的後續經費，未來也希望和信保基金配合取得。」

　　疫情期間全球自行車需求大增，但疫後一、兩年整個產業處於極大低谷，「我們為什麼選擇在這個時間點做新廠投資和綠色轉型？就是看見5年、10年後將面臨到的市場。」停頓了一下，林伊華接著說，「我想任何的轉型，都是為了迎向下一個世代的需求。」為此次訪談，做了最好的註解。

太平洋自行車股份有限公司
- 成立時間：1980年
- 董 事 長：林伊華
- 員工總數：約170人
- 總　　部：桃園市新屋區
- 主要產品：折疊車、小徑車、特需三輪車、電輔車等

本課重點
- 開發員工通勤自願性碳權
- 綠色運具
- 縮短製程
- 綠能鋁取代傳統鋁材
- 善用政府輔導方案

從錯誤中學習減碳
東欣的永續未來路

文 ◎ 楊正敏

企業的淨零必修課

　　走進桃園市觀音工業區東欣實業工廠,完全聞不到染整廠特有的刺鼻化學味,爬上二樓,一排洗、烘衣機發出砰砰砰的聲音,正快速轉動洗、脫布料,檢測布料是否會變形、褪色或縮水;另一側以光源模擬在陽光下,布料因曝曬時間長短所造成的顏色變化。轉進另一個門,年輕的技術人員在染料滴定設備上形似大針筒的容器內填裝黃的、橘的、黑的等不同色度的染劑,經由混色變化出繽紛亮麗的色彩,這裡是東欣傲視群倫的化驗室之一。

■二代接班的鄭為錘(右)與妻子林妍如(左)併肩作戰,一起為東欣實業打拚。(鄭清元攝影)

■技術人員在染料滴定設備上形似大針筒的容器內填裝染劑。（鄭清元攝影）

紡織產業上、中、下游流程繁複，以針織染整產業為例，主要透過中間商，也就是布商，承接國際品牌商代工訂單後提供胚布，交由東欣實業等染整廠依照客戶需求進行「染色定型」以及「機能加工處理」，完成後再交由成衣廠裁片成衣。

東欣目前每月染整顏色高達360種、染整布種達上百種，從一般民眾穿著的瑜珈服、排汗運動服，到奧運、世足賽、NBA選手的比賽球衣等，布料不僅顏色多彩，更具有吸溼、排汗、抗菌、舒適性等機能，因為專業能力受到肯定，東欣陸續成為NIKE、Under Armour、PUMA、Patagonia等國際知名運動品牌指定的染整代工廠，是台灣機能布在全球市占率創下佳績的隱形功臣之一。

而在永續的大前提下，這幾年東欣主動揭露碳排資訊，也陸續取得Higg[1]、bluesign[2]等相關認證。

1　Higg Index：由永續成衣聯盟（Sustainable Apparel Coalition, SAC）開發的自我評估工具，幫助服裝、鞋業製造業、零售業以及品牌商利用產品生命週期各階段，評估對環境、社會及勞工績效的影響。
2　藍色標誌標準（bluesign）：由歐盟學術界、工業界、環境保護及消費者組織代表共同訂定的新世代生態環保規範，其所授權商標的紡織品牌及產品，代表製程與產品都符合生態環保、健康、安全（Environment、Health、Safety, EHS）。

二代接班翻轉3K染整業　導入AI改善製程

「客戶要染的顏色，即使配方一樣，也只有我們的師傅染得出來。」自信十足的話來自二代接班的東欣實業執行副總經理鄭為鍾，原本任職於光鮮亮麗的電子業，英文好、數位專業能力強，可說是人人豔羨的科技新貴，但看到父親一手創立的東欣無人接班，毅然決然轉到3K（危險、骯髒、辛苦）的染整業，至今10年。

東欣原本是一家非常傳統、多以人工作業的工廠，老師傅的專業技術因行業特性難以找到人傳承，尤其在「打色」階段，因僅能肉眼辨識，對色經常曠日費時。加上包括機械設備、加熱條件、溫度差異、水質差異等變數影響布料顏色、質感，都導致生產成本居高不下，也面臨東南亞、中國染整廠的低價競爭。

鄭為鍾接班後，從自己所學及歷練中，體認到利用數位技術能為傳統染整廠帶來效益。他積極參與由經濟部產業發展署等推動的數位計畫及補助，導入智慧製造，改善染整製程，加速客戶指定顏色的設計調配、布片染色生產交期，以量少、質精的客製化服務，開啟東欣轉型升級的新頁。

他還把在科技業服務的另一半林妍如也拉到東欣，夫妻併肩作戰。林妍如專注東欣的永續經營，從改善員工勞動環境做起，讓染整業擺脫3K產業的形象，整齊有序、無臭味的工作廠區，讓東欣經常成為供應鏈合作夥伴安排國外客戶參觀的重點之一，「有點像觀光工廠。」林妍如笑著說。

從木顆粒到天然氣　尋找替代能源的曲折路

國際上淨零排放的議題已倡議多年，鄭為鍾承認，剛開始喊淨零減碳時，對於中小企業來說的確「較沒感覺」。直到兩、三年前政府研議徵收碳稅（費），才發現生死存亡的經營賽局已經迫在眉睫，尤其染整業具高耗能、高耗水及高汙染的特性，淨零減碳成了東欣經營的最大挑戰。

幸好那時東欣已經過一波數位轉型，相關生產資訊完整透明，2022年第一次進行碳盤查時並不困難，若以2024年10月政府鎖定第一波徵收對象在年排放量超過2.5萬噸的製造業當標準，東欣兩次碳盤查的平均碳排放，正好位於免徵收碳費邊緣，這給了東欣稍微喘息的空間。

■容器內填裝著各色繽紛的染劑。(鄭清元攝影)

　　林妍如說,在減碳的過程中,透過碳盤查找到一些可以減少碳排,又可以減少成本的方法,例如節電、選擇碳係數低的原物料等,因此東欣更換了冷媒、堆高機用油、空壓機等,但這些對減少碳排量上僅是杯水車薪。

　　鄭為錘也認為,以2050年淨零為目標,未來政府碳排放的寬限額度勢必調降,費率也會逐步調升,對於年收新台幣4億元、以代工為主的中小企業來說,「現在不開始做減碳,一旦被徵碳費,公司一定承受不了。」

　　加上《空氣污染防治法》正式實施後,工業鍋爐的排放標準加嚴,鄭為錘未雨綢繆,決定先從染整業的命脈,也是最耗能的鍋爐下手,2022年先花了2,000多萬元更換設備,並尋找除了燒煤以外的替代燃料。最開始想要一步到位,選擇新穎且環保的「木顆粒」作為燃料,但是價格高昂的「木顆粒」燃燒特性與煤不同,要5倍以上的量才能達到燒煤轉換的熱能,而且品質和來源尚不夠穩定。

　　鄭為錘退而求其次,決定全面更新為使用天然氣的鍋爐系統。他分析,要全面使用天然氣,包括更新設備、拉管線接進工廠,加總至少要3,000萬

到4,000萬元。且天然氣價格不菲，2024年1立方公尺的費用是13.1元，大概是燒煤費用的兩倍，未來因需求日增，天然氣價格還可能年年喊漲，對東欣是不小的營運考驗。

若花了這些錢可以達到淨零減碳的「終點」，對於資金底氣不算豐厚的中小企業來說「咬一咬牙也可能撐過去」，但鄭為鍾最怕的是，燒天然氣還是有排碳，萬一過了幾年，政府宣布要零碳排，現在的投資可能還沒有回收，就要再花錢了。「難怪會有些業者不想掙扎，乾脆收一收不要做了。」

鄭為鍾語重心長表示，中小企業不像大企業玩得起，政府現在的淨零減碳政策，雖然讓中小企業有時間做階段性的調整，但為符合法規，每一次進行的設備更新汰換，對業者來說都是非常大的投資，一改再改，就好像一直在繳學費「試錯」。

以太陽能板為例，9年前東欣為響應綠能政策，早早就把廠區屋頂以20年長約出租給綠能業者鋪設太陽能板，但現在碳排大戶要被徵收碳費，東欣因「走在前面」反而不能再拿自家屋頂發的綠能來抵減碳費，只能望屋頂興嘆。

淨零減碳「唱高調」？改變員工觀念最難

以中小企業來說，淨零減碳的過程中，員工觀念的改造才是最困難的一環，尤其台灣傳統的中小企業從上到下，大都專注在生產、追求產品和技術的精進。鄭為鍾說，雖然白手起家的父親知道淨零減碳是未來必走的道路，但30年來勤儉打拚才造就今天公司的規模，「花不能馬上看到效益的錢」一開始也會抗拒。林妍如也說，有時員工會覺得淨零減碳是「唱高調」。

夫妻兩人沒有因此氣餒，持續進修相關課程，並將新訊息分享給上一代，如今父親雖不是100%的支持，但已會放手讓他們去做永續的投資和改造；兩人也不斷地進行員工教育，每個月的幹部會議固定分享永續的相關訊息新知，甚至是公司的永續目標，用潛移默化的方式，帶著員工一起前進。

■東欣實業為染整廠,依照布商客戶需求進行「染色定型」以及「機能加工處理」。(鄭清元攝影)

　　鄭為鍾和林妍如異口同聲形容,東欣的淨零減碳是「Trial and error」的血淚史,衷心希望政府能給中小企業一個完整的藍圖,才能達到雙贏;而中小企業也要試著改變,只要秉持開放的心態,就會發現民間和政府都有許多資源,幫助大家跨出淨零減碳的第一步。

東欣實業股份有限公司
- **成立時間**:1995年
- **董 事 長**:江淑惠
- **員工總數**:約150人
- **總　　部**:桃園市觀音區
- **主要產品**:長纖染整代工

本課重點
- 數位轉型
- 智慧製造
- 更換耗能設備

啟動沼氣發電
金門酒廠化廢水成綠電

文 ◎ 吳玟嶸

企業的淨零必修課

　　提到金門，很難不聯想到「金門高粱」。金門酒廠公司是隸屬金門縣政府的事業機構，每年盈餘繳庫及捐獻縣府達新台幣3、40億元，金門在地經常能聽到「金酒是金門的金雞母」這種說法。

　　作為金門最大企業，在近年的減碳浪潮中，許多地方人士關心，金酒是否會因淨零排放政策而影響獲利，包括2025年開徵的「碳費」制度。

接軌淨零趨勢　致力轉廢為能

　　為因應氣候變遷，達成淨零排放目標，原《溫室氣體減量及管理法》在2023年2月15日正式公告修正為《氣候變遷因應法》，並將全球2050淨零排放目標入法；其中引起企業關注的「碳費」規定，徵收費率部分訂在

■金門酒廠新建太陽光電發電設備工程完工後，加上過去已建置設備，每年預計可減碳量約為1,708.495噸。（吳玟嶸攝影）

■金門酒廠公司董事長吳昆璋是法官出身,對碳費相關法規侃侃而談。(吳玟嶸攝影)

2025年1月1日生效,在2026年5月底前,「排碳大戶」就要依2025年全年度的溫室氣體排放量繳交碳費。

2023年就任金門酒廠公司董事長的吳昆璋是退休法官,走進他的辦公室,辦公桌上正放著一本《公司法》。這位「法官董事長」一開口就對法律規範侃侃而談,他說,根據《碳費收費辦法》,年排碳逾2.5萬公噸以上者才是碳費徵收對象,金酒金寧廠每年排碳約2.1萬噸,而金城廠約1.1萬噸,雖然目前不會超過2.5萬公噸標準,但碳費徵收勢在必行,且金酒是製造業,也是金門最大產業,「我們仍在積極應對和管理碳排放。」

汙水處理後利用沼氣發電是金酒近期主要的策略之一,吳昆璋解釋,金酒生產高粱酒時會產生廢水,處理方式主要是透過削減原水[1]化學需氧量(COD)[2]濃度,在厭氧過程中會產生沼氣,其中約70%是甲烷。

金酒金寧廠的沼氣發電機與脫硫設備已經在2024年4月正式啟動,能夠收集沼氣中甲烷進行發電,每小時約可產電300度,每日可產電7,200度,每年依工作天計算約可產電213萬8,400度,預計每年可減碳量為1,056.37噸,吳昆璋說,「這樣計算下來就是很可觀的數字。」

---

1 原水:指未經淨化處理之水。
2 化學需氧量(Chemical oxygen demand, COD):水中可被化學氧化之有機物含量。一般常用來表示一般工業廢水或含生物不易分解物質之廢水的汙染程度。

金酒公司工安處補充，金城廠因腹地較小，須考量適當空間、經濟規模等，尚在評估是否適合建置沼氣發電設備。

多元布局綠電　優化製程拚節能

除在2024年啟動沼氣發電，金酒自2015年起開始建置太陽光電發電設備，現已完成1、2期計畫，在金門酒廠包材三庫、金寧製麴廠、釀酒廠及金城倉儲大樓等地建置太陽光電設備，容量為1,784.08瓩（kW）。

金酒持續擴展太陽光電建置場域，於公司停車場與酒瓶堆置場新建的設備，已於2024年12月完工並開始發電。與過往較為分散的太陽能板相比，此次新建的太陽能板更為廣袤完整，規劃容量為910kW，預估每年發電量約為113萬9,586度，換算減碳量每年約為564.095噸。加上金酒過去建置的太陽光電發電設備，每年預計總減碳量約為1,708.495噸。

吳昆璋表示，沼氣與太陽能所產生綠電都是以躉售方式賣給台電公司，這些是積極增加綠電的策略；在減少碳排方面，則是藉由製程節能與在台灣採購高粱達成。

製程部分，金酒2020年起持續進行製程節能改善，近5年針對空調、冰水主機、空壓機與鍋爐進行汰舊換新，預計可節電量約為178萬36度，節油量約為6萬公升，換算減碳量約為1,035.864噸。

不過，金酒位處離島，在推動節能減碳上面臨不同於台灣本島的挑戰。金門酒廠物料處表示，不只是節能工程，在金門，連一般工程的成本都會特別高。

金酒物料處指出，金酒目前持續發展的太陽能、沼氣發電等設備，可能因損壞率較低，尚能找到廠商施作；但相較於台灣本島，金門缺乏完整產業鏈，很多設備、廠商處理都難以連貫，節能減碳的基礎建設成本也高昂許多，「金酒要升級、維護這些設備是比較困難的，但還是持續在做。」

金酒並委託台灣綠色生產力基金會建置能源管理系統（EMS），協助抓出能源使用標準、審視能源管理目標；目前正進行能源設備現場清查及評估等作業，期待未來能有效降低電、油等能源消耗。吳昆璋舉例，金酒在蒸煮高粱飯可能需要比較多電力，期待透過專業協助，讓耗能設備效率提

■金門酒廠金寧廠沼氣發電機與脫硫設備已在2024年4月啟動。（吳玟嶸攝影）

高，達成更好節能減碳效果。

契作台灣高粱　在地供應減少碳足跡

　　金門酒廠成立至今已逾70載，設廠之初，釀酒原料短缺，當時曾推行「高粱換大米」政策，鼓勵當地居民踴躍種植高粱。初期，金門本地種植的高粱就能滿足釀酒需求，但隨著金酒規模日益擴大，現今所需高粱已遠超本地生產量。

　　目前金酒使用高粱大部分從澳洲、中南美洲等地進口，但台南區農業改良場在2019年育成台南7號及8號純糯性高粱，這個品種高粱有耐旱特性，灌溉水量只需要稻米的1成，且經試釀後發現風味極佳，所以金酒從2021年開始與台南、嘉義、雲林、苗栗、桃園等5縣市合作契作高粱；而今台灣契作高粱與金門在地高粱加起來，大約占金酒採購高粱比例13%到15%左右。

　　吳昆璋指出，從海外進口高粱，運輸過程碳排放量很可觀，收購台灣契作高粱就可以減少這些碳足跡。以往台灣中南部農民為灌溉水稻，經常超抽地下水，導致地層下陷，甚至可能衝擊高鐵沿線；若從水稻改種耐旱高粱，每公頃可年省超過1萬噸用水量，又可緩解地層下陷。

金酒與台灣農民合作契作高粱的種植土地面積，每年約有1,000公頃成長，2024年來到3,000公頃，並持續擴大在台灣契作面積；對種植高粱農民，金酒採保價收購方式，且農業部農糧署針對高粱契作計畫也提供政策支持，例如有補貼、優惠貸款等，可確保農民收入；整體來說，金酒與台灣農民的高粱契作模式可達成產業、農民與環境三贏局面。

　　此外，金酒也推出以台灣契作高粱為原料的「一穀作契」高粱酒，吳昆璋笑著說，這款高粱酒代表金門與台灣共同努力為環境、經濟打拚，銷售狀況很不錯。

突破離島限制　堅持打造綠色島嶼

　　達成節能減碳目標對所有企業來說勢在必行，尤其製造業更必須及早面對，金門酒廠作為金門最大的產業，所有措施都有指標性意義。吳昆璋表示，「金門是一個綠色島嶼，我想還有很多地方金酒可以持續來做，讓節能減碳效果更加提升。」

金門酒廠實業股份有限公司
- **成立時間**：1952年
- **董 事 長**：吳昆璋
- **員工總數**：約1,300人
- **總　　部**：金門縣
- **主要產品**：金門高粱酒等

本課重點
- 沼氣發電
- 布局太陽能
- 更換耗能設備
- 契作在地高粱

認識生質能

生質能（Biomass energy）是指利用生物產出的有機物質，直接或經轉化成為生質燃料（Biofuel）燃燒，所獲得電、熱及動能形式之再生能源。

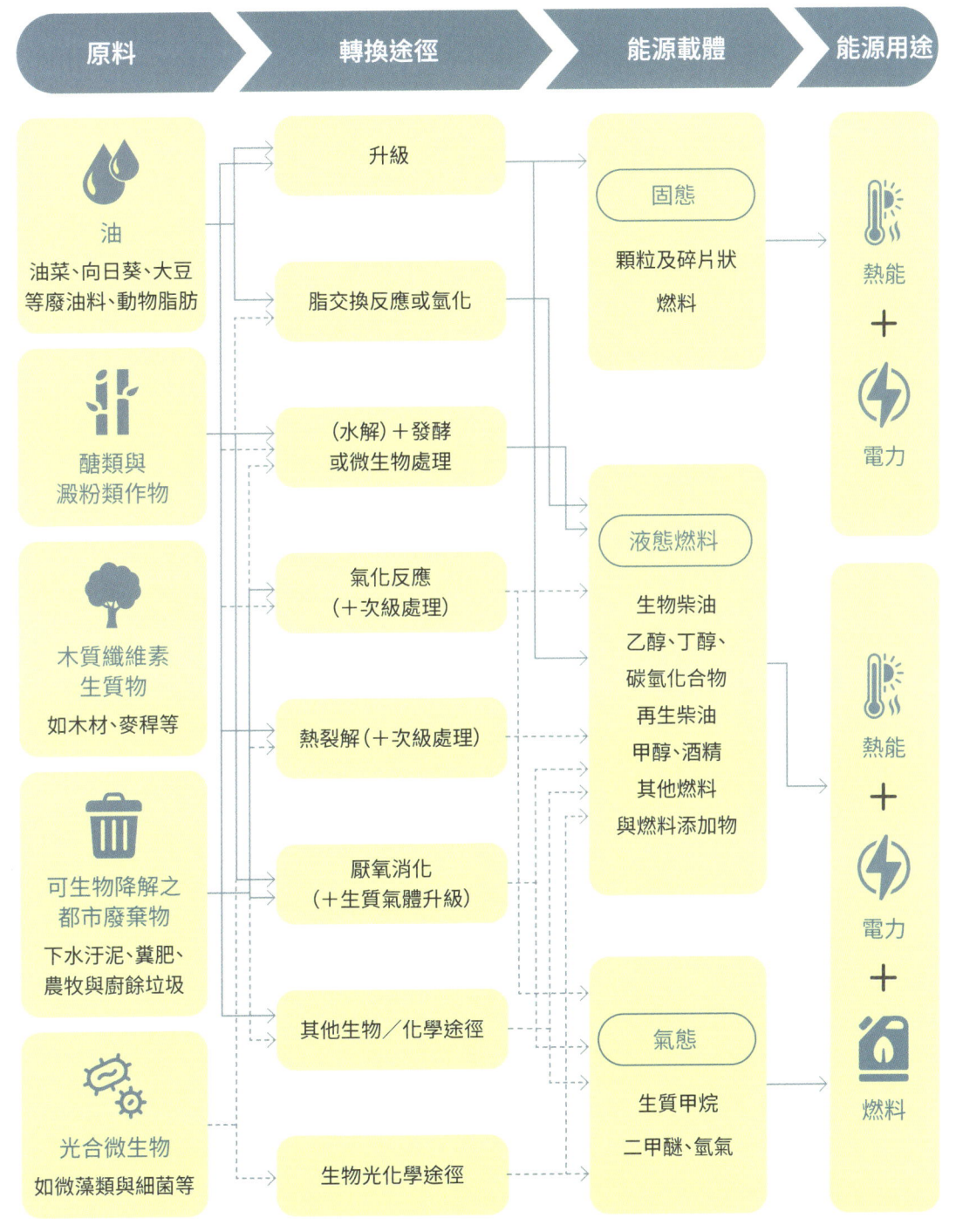

原料	轉換途徑	能源載體	能源用途
油 油菜、向日葵、大豆等廢油料、動物脂肪	升級 脂交換反應或氫化	**固態** 顆粒及碎片狀燃料	熱能 ＋ 電力
醣類與澱粉類作物	（水解）＋發酵或微生物處理	**液態燃料** 生物柴油 乙醇、丁醇、碳氫化合物 再生柴油 甲醇、酒精 其他燃料與燃料添加物	熱能 ＋ 電力 ＋ 燃料
木質纖維素生質物 如木材、麥稈等	氣化反應（＋次級處理） 熱裂解（＋次級處理）		
可生物降解之都市廢棄物 下水汙泥、糞肥、農牧與廚餘垃圾	厭氧消化（＋生質氣體升級） 其他生物／化學途徑	**氣態** 生質甲烷 二甲醚、氫氣	
光合微生物 如微藻類與細菌等	生物光化學途徑		

*實線代表商業途徑，虛線代表發展中的路線。

資料來源：台電綠網

燒黑液變綠金
華紙轉廢為能占低碳先機

文 ◎ 何秀玲

1968年，中華紙漿為響應政府開發東部政策，選在花蓮設立第一座漿紙廠。走過57年，見證同業興衰史，華紙花蓮廠成為全台碩果僅存的紙漿廠；且很多人可能不知道，早在淨零碳排浪潮尚未興起時，華紙花蓮廠就有先見之明布局綠能。

走進華紙花蓮廠，一座座高聳的木片山，上面有多台挖土機來回運作，場面壯觀，這些都是製漿的進口原料。董事長黃鯤雄曾形容，華紙「每天製作的紙展開可繞台灣7圈」，近年來也導入人工智慧（AI）強化品質管理。

不過，造紙業是汙染最嚴重和耗用資源最多的行業之一，從木片變成紙漿的製程中，須耗用大量的水、燃料與電力，據統計，造紙業年碳排量約450萬公噸，占製造部門3％、全國1.5％，為了降低成本，節能減碳成為首要目標。

全台唯一　木質素發電效能與時俱進

「華紙花蓮廠建廠之時，就採用木質素發電暨汽電共生系統。」華紙總經理陳瑞和表示，華紙花蓮廠已使用超過半世紀的自有發電系統，不但是全台最早設置、更是規模最大，甚至是現今唯一的木質素生質能發電系統。

臺灣大學森林所碩士畢業後就在業界服務，陳瑞和歷任永豐餘紙與紙板事業部經理、華紙協理及副總經理，對產業發展如數家珍。他說，在製漿過程中，木材經過蒸煮，溶出的液體主要是木質素、木材精油、半纖維

■高聳木片山,不僅是原料,也為華紙花蓮廠提供穩定的綠色能源。(中華紙漿提供)

素、少量的纖維素等有機質,經蒸發罐濃縮至63%至70%高濃木質素,外觀會有像龜苓膏的黑色液態,俗稱為「黑液」。

透過濃縮燃燒這些「黑液」產生蒸汽及發電,可「轉廢為能」,替代化石燃料,達成減少碳排的效益。

隨著全球掀起電力「脫碳」的潮流,也為了提升系統運作效能,華紙花蓮廠2018年投入新台幣3至5億元提高木質素濃度。2021年底,加裝新的發電機組和蒸汽回收系統,進一步優化黑液發電效率,同樣的蒸汽量每月可增加1/4的發電量。2022年發電總裝置容量進一步提升至20千瓩(MW),並完全取代原本廠內的重油鍋爐,減少燃油需求1.5萬公秉。

陳瑞和指出,以前木質素濃度只有50%多,設備改造升級後,木質素濃縮至70%高濃度,進而提高發電效率,而且不會有任何生態衝擊,一年可發1.5億度綠電,並在2023年取得再生能源發電設備認證。

華紙在2023年執行節能專案,專案類別可分類為廢熱回收、能效提升、汰舊換新及其他措施,2023年總計減碳量為3萬8,660公噸二氧化碳當量(CO_2e);且該年度華紙生質能投入量,已較化石燃料替代基準年2021年增加7%。

但華紙並不以此自滿，花蓮廠木質素生質能汽電共生將砸幾十億元經費，進行發電設備的大規模升級。「等於是將一個電廠重建，兩、三年後有機會全數升級完畢。」陳瑞和說，原本1個月投入5萬噸木片，設備1小時可發1.75萬度的電力；完工後，同樣投入5萬噸木片，在不增加燃料的狀況下，1小時可發4萬度電，是原本效能的2.5倍。且未來發電量可由目前的45%提高至100%，不僅可完全自給自足，若有餘電還能轉售給台電，更可大幅減少碳費。

同時，華紙團隊除了希望未來能提高黑液濃度至85%外，也持續思考，製程還有什麼可回收變成新能源。陳瑞和表示，原本排掉的蒸汽，其實可收集起來發電，此舉讓花蓮廠區在近兩年發電，每小時可多產出4,000至5,000度電力。

「（花蓮廠）未來的理想狀態是成為售電業。」陳瑞和指出，現在華紙花蓮廠每年有15萬張綠電憑證，只是若未來真要售電，必須先取得再生能源售電業資格，這後續都還要看法規規定與申請流程。

不僅如此，華紙花蓮廠還將製紙漿過程產生的餘泥，轉換為建材。陳瑞和說，以前餘泥都請水泥廠處理，現在則是讓餘泥從廢棄物「華麗轉身」，使用13%至15%的水泥與材料結合，就能變成一塊塊的磚塊建材，不過目前以廠區自用為主。

■木片經過蒸煮等處理過程後，分離出纖維及溶出外觀像龜苓膏的黑色液態就是木質素，俗稱為「黑液」。（中華紙漿提供）

■華紙花蓮廠木質素生質能發電系統。(中華紙漿提供)

陳瑞和表示,「我們希望盡量做到零廢棄」,讓花蓮廠所有東西都真正進入全循環,成為零碳排的綠色再生能源。

領頭生質能發電　永豐餘華紙願助農廢綠循環

華紙於2012年與永豐餘文化用紙事業部合併,兩家公司關係匪淺,早在1977年就合資印尼永吉紙業,並在中國合資中國鼎豐漿廠與鼎豐林業;永豐餘投控創辦人何壽川也曾擔任華紙董事,因此華紙在50年前將不起眼的黑液視為綠色能源,陳瑞和認為,一切可歸功於永豐餘從「醣」經濟理念出發,包括落實低碳、低耗能、非塑材料、全循環等淨零減碳,同時也實踐於華紙,目前華紙的綠色能源占比已達50%以上。

除了華紙,永豐餘旗下工業用紙新屋廠還有全台第一座使用資源循環燃料零燃煤汽電共生系統,以及最大的沼氣發電系統,從源頭到管末,全流程導入循環經濟,成為業界循環經濟典範。

問起為何採用不同發電系統?陳瑞和解釋,華紙花蓮廠是紙漿廠,是使用木質素作為液態燃料;永豐餘新屋廠則是主要使用回收紙作為原料的

■華紙總經理陳瑞和表示，華紙花蓮廠不但是全台最早設置、更是規模最大，甚至是現今唯一的木質素生質能發電系統。（中華紙漿提供）

工業用紙工廠，將回收紙中的有機物（例如回收餅乾紙盒中澱粉等有機物），經過水處理過程轉化成沼氣，兩者投入的領域完全不同。

他舉例，像是有些淋膜塑膠、廢塑膠分離後擠壓成形，就變成資源循環燃料，發電量就看工廠規模。永豐餘工紙新屋廠擁有國內最大的沼氣發電系統，總裝置容量為5,212瓩（kW），一年最大發電量4,200萬度，可供應台灣近1.2萬戶家庭用電。不過，陳瑞和認為，發電只是一部分，將廢棄物資源化後，如何讓大家用得上，是未來要努力的方向。

多年來華紙發展生質能過程中，因走得比別人前面，自然遇到不少困難，所幸一一克服。

一位不願具名的紙廠主管表示，全球漿紙業界以木質素作為生質能源發電的例子很多，技術上都可以克服，若提到一路走來的困難處，「主要是政府政策的支持度」，若政府認為利用像是木質素這樣的生質能發電可行，應大力推廣，在政策上給予支持與鼓勵。

華紙也願分享生質能汽電共生發電經驗，幫助台灣解決更多農廢問題。

一來可以提升綠電發電比例，二來也能去化廢棄物，像台灣有許多農業廢棄物，其中含有木質素或纖維素、半纖維素，都是很好的燃料。

不過，料源取得需有制度、有規模的回收處理系統。前端負責蒐集農業廢棄物，例如木片、竹子或是稻麥稈，接著打包運輸至指定工廠進行破碎，成為微小化料源，再送到擁有發電設備濃縮提煉，這些都需要投入成本、投資設備，方方面面都要兼顧，「若政府需要像華紙具經驗及技術的業者執行，我們也樂於協助。」

坐擁三萬公頃植林　華紙談碳權：再等一等

至於華紙花蓮廠內的氫氣純化應用，是否會是未來重點發展項目，陳瑞和表示，華紙一直關注氫氣，只是目前技術還未很到位。

「主要是儲存氫氣，需要低溫的桶槽，以較大的冷凍能量去冷凍氫氣，再來困難點是，需要使用特殊運氫車輛運送，送達目的地後，還要克服儲存跟使用問題，這是全世界面對氫能源需解決的事情。」陳瑞和指出，目前光是要克服儲運即是大問題，更遑論要提到下一步的商業化，甚至賺錢。

另外，華紙在兩岸植林面積超過3萬公頃，是台灣少數擁有超過50年造林經驗的公司，談到未來對碳權的規劃，陳瑞和持保守態度，「碳權這東西，第一個『遊戲規則（交易方式）』還不是很清楚，怎麼交易都不是很明確，要等遊戲規則清楚了，再做評估。」

「第二個是大家談『碳有價』，我們認為未來碳費會愈來愈貴，所以愈晚處理愈好，因為價值會隨著變高。」陳瑞和說。

中華紙漿股份有限公司
- 成立時間：1968年
- 董事長：黃鯤雄
- 員工總數：約1,900人
- 總部：台北市中正區
- 主要產品：紙漿、紙及有關化學原料

本課重點
- 木質素發電
- 汽電共生
- 製紙餘泥轉換建材
- 植林碳匯

故事是一切的根源
馳綠線性到循環的製鞋路

文 ◎蘇筱雯

台北市信義區的舊大樓裡，馳綠（Ccilu）辦公室隱身其中。跳色裝潢的開放空間，清一色年輕同仁，走進裡間的執行長辦公室，許佳鳴一身休閒在桌前，背後「靠山」位置不是書牆，而是擺滿自家商品的「鞋櫃」。

線性思維　快速擴張踢鐵板

攤開過去的報導，馳綠2012年成立後，5年內賣出近1,000萬雙鞋，涵蓋60多國，全球合併年營業額超過新台幣6億元。亮眼成績像筆直的康莊大道，何以會轉一個大彎，從材料到商業模式全面轉型？

「十幾年前大家並不重視碳排議題，馳綠創立時和一般鞋服包品牌沒什麼不同。」許佳鳴憶述那時是B2B導向，在各市場有代理商，循產業的運作邏輯，每季提出很多新產品，想辦法推銷出去。

雖然產品設計獲好評，但在線性經濟裡面，「我們犯了蠻多錯誤。」作為新品牌，馳綠沒有夠強的理由說服消費者買單，代理商進貨後成為庫存，只好想辦法

■馳綠執行長許佳鳴與自家生產的環保鞋履。（張新偉攝影）

變現,「一雙鞋訂價100塊美元,可能降價到20塊就賣出去。」品牌落入了惡性循環,加速崩壞。

這讓許佳鳴體悟,一個品牌如果沒有找尋到意義,是很難繼續的。要有夠強烈的理念跟故事,找到支持你的消費群眾,最後才會變成所謂「品牌信仰」。

打掉重練　咖啡渣開出活路

經過痛定思痛的檢討,許佳鳴縮小商品線、把品牌意義找出來,重新跟消費者溝通。「當下很多技術都在實驗跟研發,咖啡渣回收的相關產品,是我覺得比較可以市場化的一支。」咖啡文化跨越國界和種族,較易讓消費者在第一時間理解。

人類每年喝掉8,000億杯咖啡,產生2,000萬噸以上的咖啡渣,掩埋後產生大量甲烷、二氧化碳。許佳鳴想,如果可以找到辦法,把本來造成溫室氣體的咖啡渣變成商品材料,也許在議題上更能跟大家溝通,也更新鮮有趣。

「如果不拿咖啡渣做鞋,就需要向上游業者購買更多以石化為基礎做成的鞋材。所以我等於解決咖啡產業溫室氣體範疇三跟廢棄物問題,同時解決我鞋子行業範疇一的核心用料問題。」導入減碳思考,廢棄物再生,也讓馳綠再生。

回收到銷售　關關難過關關過

許佳鳴把馳綠的工作分為三階段:首先是回收,散落各處的廢棄物收集不易;再者,收回來後能變成材料及產品,要靠研發及技術力;最後,必須讓消費者願意掏錢支持。「前面拚命收、中間拚命做,後面賣不掉都沒用。」唯有各階段都打通,循環經濟才做得起來。

許佳鳴細數打通關的過程,剛起步較難組織零售業者,所以找上罐裝咖啡工廠做批次回收,「打破他們既有的SOP嘛,那時大家都很尷尬,但就是不斷溝通和說服。」

2020年,馳綠終於推出「咖啡小白鞋」XpreSole Cody,碳足跡僅一般鞋款的1/3,還在募資平台上締造千萬佳績。打響名號後,跨界合作漸

入佳境,例如2023年用全家便利商店的咖啡渣,和齊柏林基金會攜手推出除臭襪;2024年也回收7-ELEVEn門市咖啡渣,打造從頭到腳的時尚周邊。

於今,馳綠廣受國內外肯定,包括成為亞洲首家獲B型企業認證的鞋業公司、獲得品牌金舶獎、國家永續發展獎、ESG永續數位雙軸轉型金恆獎等;推出的循環鞋履更是iF、紅點、A' Design等設計獎項常勝軍。

作為全台第一家從原料到銷售一條龍的鞋業公司,「到底合不合乎最佳利益?這是轉型途中最受股東質疑的。可是我們始終堅持用最傻的方式做。」許佳鳴一邊說一邊拿出搖搖杯,慢慢啜一口綠拿鐵,彷彿轉型期的艱辛稍稍獲得舒緩。

利己利人利他　故事打動消費者

除了咖啡渣,馳綠目前還主推寶特瓶、半導體廢料、農漁廢棄物回收材料,每種都各有故事。

寶特瓶回收已是平凡議題,但許佳鳴希望創造不平凡做法,「新國民藍白拖」企畫於焉誕生。首先與淨灘團體合作,收集海廢寶特瓶;也在萬華設立回收工作室,與當地高齡、弱勢的回收者合作,以3倍市價收購他們撿回來的寶特瓶。

藍白拖是1950年代在美軍顧問團建議下應運而生的產品,至今還是一樣的便宜材料、傳統製程,70年過去了,許佳鳴認為台灣應該要升級,用更好的製程、更正確的材料打造國民商品,而馳綠擁有可將寶特瓶改質為輕量、減震材料的專利技術。

「推出時大家傻眼,好多人留言說寧願去超市買30塊的藍白拖。」到現在,它的價值逐漸被看見。馳綠迄今回收超過7萬支寶特瓶,做成1.4萬雙藍白拖,與馳綠合作發起淨灘活動的媒體,還帶著新國民藍白拖前進亞塞拜然的聯合國氣候變化綱要公約締約方第29次會議(COP29),在會場上展示台灣的減碳成果。

以咖啡渣、寶特瓶打出名號後,半導體業者找上馳綠。台灣每月產生超過5,000噸矽廢料,這條產線被稱為「半導體產業的最後一哩路」,由甲

級回收廠將矽砂漿、封裝膠條或晶圓加工切削下來的廢棄物轉化成二氧化矽，供給馳綠製鞋。

矽廢料一般用來鋪馬路，以噸計算的低價與製鞋收購價有天壤之別。「馳綠的模式都是向上循環，在循環經濟裡面，採取平級、升級還是降級回收，彰顯企業不一樣的能耐與思維。」但許佳鳴坦言，「有時候好技術、好產品，如果不夠生活化，到市場上還是推不出去。我們最初思考很久，因為不知道故事該怎麼說。」馳綠團隊費盡心思，用穴道按摩、鞋墊功能加值，催生出「三合一按摩忍者拖」，每雙可減少0.5公升石油消耗及1公斤碳排。

持續研究下，馳綠發現農漁業廢棄物是另個大議題。人類消耗糧食的同時也產生大量廢棄物，但目前處理方法有限。許佳鳴動念建置農漁廢再生的產品線，「我幫忙清除廢棄物、拿去做鞋，然後從賣鞋收益中部分提撥，回頭去買農漁民的產品，捐贈育幼院。」

許佳鳴拿出「三菜一湯復古防水鞋」說明它的外表運用玉米纖維，內側是牡蠣殼製成的紡織品，鞋墊、鞋底來自竹廢與茶梗。它們的天然特性，可以達到抗菌除臭、遠紅外線、抗靜電，更減少60%以上的石化原料使用。用4種農漁業廢棄物做鞋，創造了「三菜一湯」的哏，「OK，第三段的行銷困難點就打通了。」

■「Back To Market 三菜一湯復古防水鞋」以玉米、竹廢、牡蠣殼、茶梗打造。（馳綠提供）

一步一腳印，馳綠的論述逐步成熟，不脫「利人（環保）、利己（機能）、利他（公益）」，「這雙鞋不只對地球好，穿回家它還對你自己身體好，甚至還可以助人。」許佳鳴堅信這3件事，起碼有一項會打中消費者的心。

減碳共好　TAIWAN CAN HELP

　　將回收材料運用得風生水起，馳綠同時也意識到，消費者用畢還是會產生廢棄物。馳綠一向以熱裂解處理廢鞋，高溫無氧把鞋子變成熱裂解油，成為再生能源重新投入產線。而許佳鳴透露，團隊正在研發更純淨的材質，讓廢鞋可以繼續做成下一雙鞋，預計2025年推出，將成為全球首個100%可回收再製的產品線。

　　「一年繳一筆會員費，我們給你新鞋，穿壞之後把舊鞋送回來，我再發給你第二雙。」搭配訂閱制、會員制，變成全循環的生產及商業模式，許佳鳴認為這將是製鞋業範疇一二三及廢棄物處理的終極解方。他更提出，第一條產線達到零碳排後，下個目標是2027年全產線淨零。

　　目光除了看得遠也看得廣，許佳鳴深知，馳綠核心技術若跨產業運用，將帶來更大影響力。滾動中的計畫，一項是建材，將咖啡渣等農廢轉化成建築、家具材料；另一項是以寶特瓶做成半導體、高階電子產品包材。

　　馳綠還跟著外交部走到更遠的地方。友邦瓜地馬拉是農業大國，馳綠鎖定甘蔗渣、咖啡渣、竹廢，與當地大企業合作，把農廢做成餐具、建材等產品，投放到整個美洲市場。「綠瓜專案——馳綠瓜地馬拉環保材料建廠計畫」表徵著台灣的技術實力，足以幫助美洲當地實踐循環經濟，成為減碳版 TAIWAN CAN HELP。

定位與論述　中小企業轉型立基

　　新創企業以技術、專利為核心，卻沒有太多設備與實體資產，許佳鳴認為很多公司不如馳綠幸運，未等到3個困難階段都處理完，就已燒盡資金。「馳綠得到的最大幫助，是信保基金協同工研院、銀行，3股力量進來支持。」政府近年開啟的新模式，由工業技術研究院做技術審核、價值判定，中小企業信用保證基金橋接銀行端，國家出保證以申請融資。「所以得要更認真經營、準備，才有辦法去說服他們。」

■許佳鳴向瓜地馬拉總統阿雷巴洛（Bernardo Arévalo）介紹馳綠的循環鞋款。（馳綠提供）

　　許佳鳴並以自身經驗為例，認為中小企業綠色轉型的要務，是想清楚自己的定位與差異化。「大企業要負的常是社會責任，必須得做。中小企業仍在成長階段，拿出不一樣的作法和論述，才能脫穎而出。」他舉例實境秀《黑白大廚》帶起的韓食風潮，「台灣也不差，而我們能找到精彩的說故事方法嗎？」這是全球淨零浪潮下，許佳鳴向公部門、產業界所提出的叩問。

馳綠國際股份有限公司
- **成立時間**：2012年
- **創辦人暨執行長**：許佳鳴
- **員工總數**：約50人
- **總　　部**：台北市信義區
- **主要產品**：國際休閒鞋品（CCILU）

本課重點
- 訂閱制舊鞋換新鞋
- 生產全循環
- 咖啡渣回收
- 寶特瓶環保鞋
- 品牌信仰

夕陽產業長出綠實力
deya打造封閉循環零碳包

文◎蘇曉凡

「夢想再大deya都裝得下。」這是台灣第一個零碳包業品牌deya的願景口號，揭示其綠色轉型的企圖野心。2016年，deya以回收寶特瓶製成的再生聚酯（rPET）為材料製作包款；2018年推出海洋廢棄物回收包款；2024年更打造出全台唯一完成碳中和的零碳背包。自2011年品牌創立以來，deya的綠色革命持續突破，不斷擴展。

廢棄物再造反而高成本　破釜沉舟走出的品牌路

1993年，創辦人許能竣創立了品卓企業，以代工起家，幫歐美知名品牌製作包袋。「代工做了快20年，想說應該試試以品牌模式去操作。」於是在2011年創立品牌deya，即台語「袋子」之意，他說，想做出台灣最好的袋子。

過去累積的資源與經驗，讓許能竣覺得做品牌應不是難事。他請來法國設計師設計，搭配最好的製作品質，在歐洲賣出上萬個包，然而回到台灣市場成績卻不理想。後來到法國參訪歐舒丹（L'OCCITANE）時，看到他們取用當地植物，將產品緊密扣連品牌故事，他才意識到，deya需要來自台灣的故事。

在查找資料的過程，許能竣發現台灣是全球前三大資源回收國，環保成績是世界有目共睹，加上當年台灣已有不少回收製作紡織品的企業先例，讓他看見台灣包業品牌的一條新路。

不過，從有想法到實際生產，過程重重阻礙，又花了幾年時間。當時台

■deya推出台灣第一款零碳背包。(deya提供)

灣的回收塑膠顆粒多是出口至國外,光是取得生產原料就相當困難,再者還沒有任何知名度與市場實力時,許多供應廠商猶豫或推辭合作,甚至抬高價格。許能竣說,剛開始做的時候,原物料的成本價錢比一般包品高了好幾倍。

「但你要做先鋒,就一定會有這些狀況。」如果沒有破釜沉舟的決心,這條路走不到現在。2024年新推出的零碳背包,光是製作成本,許能竣就先投了新台幣3,000萬元。除了原料海廢收集不易,「成本高,經濟效益不大」,也因為沒有相關經驗,生產過程衍生各種預期之外的問題。而且須做碳盤查,比一般生產麻煩,供應商甚至會要求多一倍的價格。林林總總的狀況,都是不斷試錯與調整的過程,許能竣笑笑地說:「其實到現在也都還在試錯。你一定要走很多冤枉路,才算是在做品牌。」

2016年,deya推出以回收寶特瓶製成的rPET,製作出以台灣黑熊為主題的環保包款,並結合黑熊保育教育活動;2018年,再推出以海廢回收製作成的包款,並與媒體合辦淨灘活動「還海行動」,帶領民眾走上環境保護的第一線。這兩款包分別榮獲2017年、2019年的台灣精品獎,2022年也獲得國家品牌玉山獎最佳生產類首獎,deya這個台灣包業品牌,開始被更多人認識,影響力開始發酵。

■deya獲2022年國家品牌玉山獎首獎,總統蔡英文接見創辦人許能竣。(deya提供)

「得獎其實只是個開始,這都是不斷累積的過程。」許能竣說,十多年前,ESG(環境保護、社會責任、公司治理)的概念剛出來,誰也不知道未來會如何,「那時候也不知道什麼叫做ESG,做的事情也沒人注意,但堅持走到這裡,才會發現原來deya真的做得很早。」

綠色生產鏈 全台首款零碳背包誕生

許能竣並沒有輕易滿足於這些成績,反而更進一步推動責任生產、綠色供應的永續經濟生態鏈,他這麼說:「永續是目標,循環是路徑。」2024年,可以說是deya的另一個里程碑,推出全台第一款零碳背包,取用海洋廢棄寶特瓶,製成回收紗及配件,達到90%單一材質製作而成。之所以要求單一材質,是因為這才得以實現可回收再利用的循環模式。

前期開發花上數年時間與大筆資金,到了生產階段,許能竣仍毫不猶豫先預訂5,000個背包數量。他解釋,「台灣是OEM(代工生產)體質,所以廠商習慣是有訂單才會製作。」意即數量要有相當規模才能與供應商順利牽起合作,他笑說,當時還被太太抗議質問:「為什麼一次做這麼多?訂單在哪裡?」

這款背包獲得SGS碳足跡及碳中和認證，根據第三方的碳足跡盤查，採用海廢比起新料，每一個包可減少0.8公斤的碳排，5,000個包即是4噸。但終究還是有碳排，「減碳方式中，生產過程中減碳是一種，剩餘的就是用碳權或綠電抵銷。」於是，待所有包品生產完畢，deya選擇購買柬埔寨減碳專案的碳權，達成了包款的碳中和。

能在生產過程中有效減碳，布料、拉鍊、織帶、織標等各個供應商都功不可沒。「我跟他們（供應商）說，在台灣包袋算是夕陽產業，但我們要換個角度，把它做成綠色生產鏈，這樣以後到國外才有競爭力。」deya走在台灣包業最前面，許能竣說，自己有使命把這個產業留下來，帶著大家一起轉型。

打造封閉式循環　舊包免費維修與回收

為了實踐循環經濟，deya隨零碳背包推出回收計畫「封閉式循環系統」，提供消費者免費維修及回收舊包，回收舊包還可以再獲得200元禮券，鼓勵消費者回收。做得這麼長遠且無收費的售後服務，一方面是對自家產品的信心，另一方面也是為了將環保意識擴及消費端，許能竣說：「我們希望，對於消費者，這個品牌是有意義的。」

而所謂「封閉式」的循環系統，也代表著這款零碳背包回收後能夠被拆解再製成rPET、rPU粒料，成為deya產品的原料。

■deya推出海洋廢棄物回收包款。（deya提供）

2024年，deya也與許多企業、單位合作，將永續教育推廣至不同領域。像是與foodpanda聯手，推出每個由40支回收寶特瓶製成的「循環再生外送箱」，「這實現環保與便利共存的願景，是外送產業邁向永續的重要一步。」deya利用6萬個廢棄寶特瓶，製成1,500個外送箱，同樣地，當外送箱無法使用後，也能經由deya回收再造新生命。deya也與台北市的泰北國際雙語學校合作，開發全台第一款100%以回收寶特瓶、廢棄海洋塑料製成的循環書包，且同樣擁有回收制度，「每年（全台）約有300萬個書包在被使用，如果這些書包全改成回收材料，並達到1/3有效回收，預計可以減少60%以上的碳排。」

目前deya的包款約有一半以回收材料製作，而許能竣有信心在品牌影響力愈來愈大之際，讓這些較高成本的回收包款慢慢站穩市場、擴大市占率。

許能竣還預告，耗資上億的400坪汐止新廠房已經落成，已著手啟動內部裝修。「這是為了做碳盤查而再買下的廠房，我們第一批（碳盤查）結束，接著會是第二批、第三批、第四批，每年都要做，最後還是要回來自己做，與供應商有太多溝通成本。」這座新廠房將設置碳盤查單位、結合

■deya與foodpanda合作推出循環再生外送箱。（deya提供）

AI技術的創新研發中心、回收再製單位等等，將所有永續經濟的重要單位全組織在一起，進行整體規劃，提出更多更全面的綠色解決方案。

　　許能竣正面看待未來更大的發展與挑戰，「品牌本來就是累積的過程，每年挑戰都不一樣，從最開始的回收包款到現在的循環經濟，deya已經在做不一樣的事，是更難的挑戰，但都是累積。」許能竣的冒險性格，完全體現在他的創業精神上，「冒險與堅毅，這就是deya的品牌精神。」

品卓企業股份有限公司
- 成立時間：1993年
- 董 事 長：許能竣
- 員工總數：約40人
- 總　　部：台北市內湖區
- 主要產品：自有品牌 deya包袋

本課重點
- 海廢回收
- 碳中和背包
- 封閉式循環系統
- 綠色生產鏈
- 異業合作

開展台灣貴金屬循環經濟
聯友掀廢電池再利用革命

文 ◎黃郁菁

鎢作為金屬原料，就像是無名英雄，它不若鋼鐵家喻戶曉，應用範圍卻無所不在。由於鎢比重與金相仿，相當堅硬，工業上許多機械製造模具、刀具，乃至國防工業穿甲彈頭等都倚賴它。鎢也是驅動手機震動的偏心馬達、電動車電池的材料，是現代生活中不可或缺角色。

這樣重要的原料，台灣不僅100%仰賴進口，且一度沒有回收再生產的能力。旅居奧地利30多年、從事金屬行業的顏文良，深知金屬原料對一個國家產業發展的重要性，因此在60歲時決定回故鄉台灣投資設廠，與

■聯友金屬總經理吳永中，希望永續目標不只是表面工夫。（黃郁菁攝影）

三五好友成立聯友金屬，2018年在屏東縣枋寮鄉屏南工業區建廠，並擔任董事長，希望以此改變台灣原料供應狀況。

根據美國地質調查局（US Geological Survey）數據，中國一直是鎢最大產地，2023年全球鎢產量7萬8,000噸，產量第一名的中國就占80%，第二名越南占4.5%，第三名俄羅斯占0.26%。聯友金屬總經理吳永中表示，掌握資源大國若有天發布禁出口令，將嚴重影響全球工業。

吳永中認為，台灣已經沒有原料，必須想辦法留下資源，甚至要讓廢料進口。而因中國2018年啟動「禁廢令[1]」，導致約1至1.5萬噸可回收廢鎢無法再進入中國；看準二次資源大餅，聯友金屬全力投入循環經濟事業。

穩定發行永續報告書　跟上趨勢又符合理想

聯友設立之初，就決定要往公開市場發行，當時正值金融監督管理委員會積極推行ESG永續報告書政策之際，依金管會「上市櫃公司永續發展行動方案」，2025年起，全體上市櫃公司都必須編製永續報告書。吳永中是待過金融業的人，理性上，他深知永續報告書是躲不掉的趨勢；感性上，ESG環境、社會、公司治理永續發展評估指標，恰好符合公司創辦人們的信念。因此，聯友2021年起就每年穩定發行年度永續報告書，並委請外部公司協助建立碳盤查系統。

退休後才和顏文良一起成立聯友，吳永中說，「很多事不是看向錢」，公司運作上也含有理想成分，希望永續目標不只是表面工夫。舉例來說，吳永中曾在異鄉打拚多年，了解離鄉背井工作心情，永續報告書中「同職級（能）員工享有相同的福利措施、敘薪標準及教育訓練制度，並不因性別、年齡、國籍等因素而異」的文字看似制式，在聯友卻確實執行，罕見地讓在台外籍移工享有同職位本國籍薪資，也因此獲屏東縣政府頒發2021年優秀移工雇主。

環境方面，聯友同意氣候變遷已是全球面臨的重大危機，淨零排放是企業行動共識，因此秉持不破壞環保、不浪費地球資源精神，重視

1　禁廢令：中國2017年7月發布《禁止洋垃圾入境推進固體廢物進口管理制度改革實施方案》，分批禁止部分固體廢棄物輸入；2018年起，禁止廢五金、廢船、廢汽車壓件、冶煉渣、工業來源廢塑膠等24種固體廢物；2021年全面禁止進口固體廢物。

■ 鎢應用廣泛,包含彈頭、螺絲模具、切割刀具等。(黃郁菁攝影)

■ 工廠一角疊放待處理的鎢原料。(黃郁菁攝影)

製造過程水及空氣的環保處理。聯友建構完整設備及機制,設立直燃式VOC[2]氧化爐(TO爐)、機械蒸氣再壓縮系統(Mechanical Vapor Recompression, MVR)等設備,確保工廠用水及空氣排放安全及潔淨,並回收製程中廢熱。

看向電動車浪潮　串聯上下游推鋰電池循環

聯友專營鎢、鈷金屬冶煉、製造與批發,有世界級水準的98%高效回收技術能力,營運不到3年,鎢相關產品外銷量躍上世界前5名,更占美國年度進口量10%,不過一路走來也非全然順風順水。

吳永中指出,尚未正式營運的企業要借款融資本就有難度,而設備與建設卻要付現,再加上台灣對鎢產業認識較少,銀行借貸相對費力。幸而後來遇到一名銀行經理牽線中小企業信用保證基金,信保也迅速派團隊提供協助,讓聯友順利拿到周轉金。

COVID-19疫情期間,不可控因素更讓聯友團隊七上八下,吳永中說,包含運輸速度延遲、工廠隨時可能隔離等,許多中小企業受衝擊。當時很擔心遇封廠影響營運、經營成本上漲,而信保在疫情期間的紓困方案支持,對中小企業是一大幫助。

聯友站穩腳步後,開始向電動車與儲能系統發展,擴展循環利用業務範

2　揮發性有機化合物(Volatile Organic Compounds, VOCs):沸點在攝氏250度以下有機化合物之空氣汙染物總稱,主要來源為化學品、石油產品、燃燒廢氣等。

圍。工業技術研究院預估，2025年廢鋰電池將達1,000噸以上；含鈷廢電池若未經妥善處理，成分將對土壤及地下水造成汙染。由於國內廢電池回收多送境外處理，聯友是少數實際執行過鋰電池原料回收循環的本土公司，2021年，聯友金屬成立子公司聯友能源股份有限公司，專司鈷、鎳金屬原料精煉，並增加處理鋰電池黑粉[3]的金屬分離及冶煉，解決台灣目前鋰電池只能政府補貼拆解，卻無法循環再生問題。

二次鎢鈷鎳合金回收技術，以及鈷、鎳、銅、鋰回收和純化技術，在永續經營意義上，不僅可減少稀有高價金屬擴廠開採產生的環境汙染、礦場人權壓迫與職業安全衛生等問題，提供自產粗製碳酸鈷鎳，也可減少受鈷市場價格起伏的影響，達成原料成本避險功效。

聯友也在2024年與名仁資源科技股份有限公司、天弘化學股份有限公司兩家上下游廠商，組成鋰電池循環永續責任聯盟。吳永中指出，串聯各自廠房設備及製程，不僅可以省下高昂汰役鋰電池建廠成本，更可望發揮聯盟整合綜效，增加產業競爭力。

■機械蒸氣再壓縮系統製程水回收等設備。（黃郁菁攝影）

3 黑粉：指的是廢棄鋰電池經過破碎分離等處理後製成的黑粉，可提煉出貴金屬再利用。

歐盟電池法生效　原料取得、符合法規成難題

2023年，歐盟宣布新《電池法》（Batteries Regulation）正式生效，廢電池回收為其中一項重點。2025年起，歐盟將逐步建立電池回收效率、材料、內容等目標，所有使用過的廢電池都必須回收；並明訂電池中關鍵金屬回收率，特別是鋰、鈷、鎳等關鍵金屬，例如廢電池中鋰的回收率期望能在2027年達到50%，2031年達80%。

法律中也規定在工業電池、汽車蓄電池、電動車電池成分中，必須含有一定比例的回收材料，2031年新製造的鋰電池再生材料最低使用比例，稀有金屬鈷16%、鉛85%、鋰6%、鎳6%等。此政策正式目的為在電池壽命結束時，將使用過的材料重新帶回到經濟體。

吳永中指出，歐盟法規一出，聯友理論上應受益，但原料取得是難題。需求一大，歐洲國家不出口「黑粉」，各國也都在搶。聯友其中一名股東去歐洲、日本、韓國等國走了一圈試圖要收電池，「兩手空空回來」。

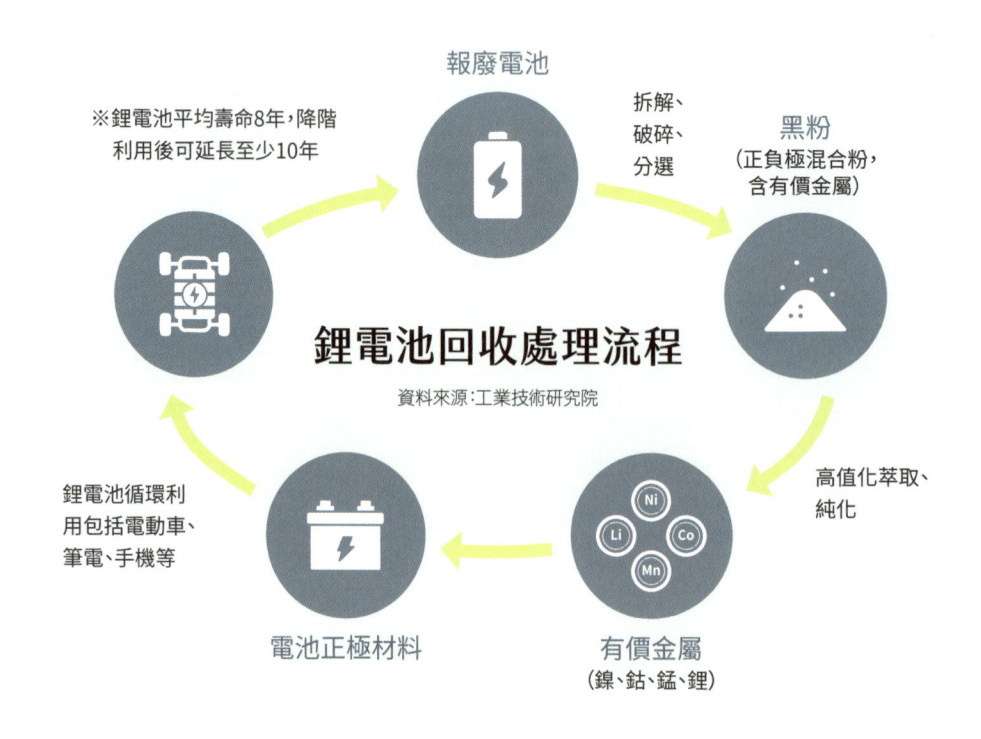

鋰電池回收處理流程

資料來源：工業技術研究院

※鋰電池平均壽命8年，降階利用後可延長至少10年

報廢電池 → 拆解、破碎、分選 → 黑粉（正負極混合粉，含有價金屬） → 高值化萃取、純化 → 有價金屬（鎳、鈷、錳、鋰） → 電池正極材料 → 鋰電池循環利用包括電動車、筆電、手機等

新《電池法》也規定2027年起，電池出口要有「電池護照」，記錄電池製造商、材料成分、碳足跡、供應鏈等資訊。吳永中説，即使聯友有危機意識，產品護照取得國際認證是問題，要上下游廠商配合提供產品履歷也是問題。

2050淨零碳排道阻且長　盼政府帶頭改變

面向2050淨零碳排目標，吳永中認為道阻且長。雖然台灣政府將循環經濟列為「十二項關鍵戰略」之一，不過僵化的《廢棄物清理法》，就是一塊顯眼的絆腳石。《廢清法》對廢棄物認定不合時宜，舉例來説，公告的產業所屬原料之事業廢棄物，明定銅、鋅、鐵、鋁、錫、鈦、銀、鎂、鍺、鎳、鎢等廢單一金屬可以進口，公告再利用卻僅鐵、銅、鋅、鋁、錫等5項。

聯友主要產品鎢不在公告再利用範圍，若廠商未申報為廢棄物，誤作產品販賣，就會觸法挨罰。吳永中認為，《廢清法》第二條中對廢棄物認定，應將「目的以外之產物」與「不具可行之利用技術或不具市場經濟價值者」合併，業者才能靈活運用整個產業製程中的可能產品。

對於未來減碳策略，吳永中坦言，民間可以做的，就是把所有單位燃料或是單位電耗的效率提升，而聯友製程已相當環保，能再減的不多。降低整體碳排實質路徑，還是有賴政府加速能源結構轉型，完善綠電基礎建設。

聯友金屬科技股份有限公司
- 成立時間：2018年
- 董 事 長：顏文良
- 員工總數：約95人
- 總　　部：屏東縣枋寮鄉
- 主要產品：鎢酸鈉及其相關製品

本課重點
- 鎢金屬循環再利用
- 鋰電池回收
- 電池護照

廢食用油變身永續燃料
永瑞做航空業減碳助力

文 ◎王勝雨

深夜的靜謐街道上,一台10噸半貨車駛近高雄一家速食店。餐廳的營業時間已過,燈光全暗,但絲毫不影響司機的工作。他操作著餐廳後方的機台,連接從車上延伸出的超長軟管,油炸後的廢食用油便汩汩流入貨車裝載的油箱,廢油回收過程只需3分鐘,僅是傳統人工回收的1/10。

除了省時,像這樣的機台還能作為中繼站,讓回收廢油的個體戶業者「小蜜蜂」可以就近卸油,免去往返處理廠的路程與碳排放。更可貴的是,回收廢油經精煉處理,還能製成「永續航空燃料」(Sustainable Aviation Fuel, SAF),與傳統化石燃料相比,可減少70%至80%的二氧化碳排放量。

促成這場廢油回收綠色革命的,是設廠於高雄市燕巢區的永瑞實業。他們專注於廢食用油回收、精煉製成SAF原料,每年出口超過1萬噸,芬蘭奈斯特(Neste)、荷蘭殼牌(Shell)、英國BP等歐洲石油大廠都是往來的客戶。

瞄準回收油品管痛點　做到每滴油皆可溯源

永瑞實業創辦人林修安在研究所時期,就踏入生質柴油領域。2013年創業時,碰上台灣的B2生質柴油政策出現變數,許多車主反映車輛加了B2生質柴油後,出現油路堵塞、引擎熄火等狀況,但林修安看好國外生質柴油發展,並瞄準生質柴油商的痛點——缺乏乾淨的原料,便投入品管、精煉廢食用油的生意,為客戶省去不少前處理工夫,因此打開通路。

隔年, 永瑞實業成為台灣首家取得ISCC(International Sustainability

■2021年，永瑞實業首台智能回收機台進駐台南花園夜市。（永瑞實業提供）

and Carbon Certification，國際永續性及碳驗證）EU認證的廠商，之後亦是台灣首家擁有ISCC EU、ISCC CORSIA雙認證的廢食用油回收與處理廠，顯示永瑞實業的油品符合歐盟及國際民用航空組織（ICAO）的國際碳抵換及減量計畫（CORSIA）標準，源自可追溯的綠色能源供應鏈。

2013年底至2014年，餿水油、飼料油等「黑心油」事件連環爆，環保署官員也曾到永瑞實業訪查，那時他們已詳盡記錄原料的來源與產品的銷向，形同建立可追溯的產源履歷。林修安說：「這不是為了環保署，而是因為我們已經拿到ISCC認證，稽核員每年都會來檢核、抽查，若不合格當年就會被撤證。」

隨著法令建置，永瑞實業陸續取得事業廢棄物輸出許可、公民營廢棄物清除處理機構許可，也透過對接網頁API（Application Programming Interface，應用程式介面），將資料自動上傳至環境部營運紀錄申報系統。

打造智能回收系統　取代傳統低效作業

回收廢食用油是體力活，必須來回搬運動輒10多公斤的油桶，傳統回收方式更是高成本低效率。林修安在公司草創時，也到第一線收油，對回收廢食用油的「小蜜蜂」的辛苦感同身受。

林修安歸納，傳統廢食用油回收有許多問題，首先是從業人員的工時很長且零碎。一天要收早餐店、餐廳、百貨公司美食街、夜市的廢油，小蜜蜂必須早出晚歸，遇到繁忙的用餐時段，又必須暫停收油，每天的工作就在密集勞動與被迫等待中度過。

再來，大多數餐廳、攤商集中在鬧區，狹窄的街巷只容得了3噸半小貨車穿梭其中，要是裝載的油箱滿了，即使下一間餐廳近在咫尺，小蜜蜂也只能折回處理廠卸油再來，如此「折返跑」增加成本，也增加碳排放。

此外，對餐廳來說，以往回收廢油大多只憑目測，沒有精確量秤回收量，容易遭不肖回收業者利用，從中「偷油」。收多報少的結果，不僅餐廳蒙受損失，從制度面來看，登載資訊不詳實，產源履歷更難落實。

與此同時，林修安注意到國際石油大廠愈來愈注重產源履歷的可追溯性。一邊是產業長久以來的困境，一邊是客戶日漸迫切的需求，令林修安思考如何能同時解決這些問題。

2019年，永瑞實業從廢食用油回收及處理廠，轉型為綠能科技服務公司，2021年推出以品牌DGM（Don't Go to Mars，別上火星）為名的智能回收系統，提倡與其借助科技移民火星，不如善用科技保護地球。

DGM智能回收系統使用結合AI與物聯網的AIoT技術，當油進入機台時，先以AI辨識成分是否符合標準，再透過物聯網將回收店家、回收時間、回收地點、回收數量上傳至雲端，並以區塊鏈技術確保資訊正確、可追溯、無法竄改。

林修安強調，在回收前端使用AI辨識非常關鍵，可確認收到的油是否遭到其他物質混充。他並解釋，若經AI辨識成分未達標準，機台的幫浦便停止抽吸，不會汙染機台既有的油。

2021年11月，在台南市政府支持下，首座智能回收機台進駐花園夜市。2022年起，智能回收機台進駐多家連鎖餐飲品牌，裝配油管連結廚房油鍋，可直接將熱油抽進機台，回收過程更方便、安全。

大型餐廳可以直接建置油管與機台在廚房附近的戶外空間，規模較小的餐廳和攤商則可隨時使用手機App到附近的機台交油，經機台量秤與AI辨

識,回饋金隔日就入帳,價格公開透明。像這樣的機台在台灣已有100多座,並獲得40多國專利。

在目前的機台擴張期,永瑞仍與小蜜蜂密切合作。對小蜜蜂而言,到各商家收油時若油箱滿了,可到附近的機台卸油,不必再折返跑。每天晚上,永瑞則會統計儲油已達9成滿的機台,安排大型車輛在深夜將油載回處理廠,避開交通尖峰時段。對環境而言,精準回收可以省去塞車、折返的路程,光是回收的路上就在減碳。

■2023年永瑞實業獲得ISO 14067產品碳足跡認證,由董事長林修安代表受獎。(永瑞實業提供)

林修安統計,以回收80噸廢食用油為例,傳統回收方式,車輛須行駛1萬1,210公里;使用智能回收機台,只須行駛1,625公里,減少70%的碳排放,回收成本則降低80%,從每公斤5元降到1元。

廢油變身減碳利器　帶國籍航空起飛

2021年,永瑞實業第一批SAF原料正式出貨到芬蘭奈斯特石油公司。回想第一次合作,奈斯特提出33項原料允收規範,林修安笑著說:「在台灣,新鮮食用油的檢驗項目才10多項,處理過的廢油居然要驗33項!」

規範中清楚列出各元素的容許值,如何去除這些物質,同時降低成本,關鍵在源頭管理。林修安解釋,「在產源做好管理,好的原料進到好的原料槽,不好的原料進到不好的原料槽,做好分流,就能省下分類的時間及人力成本。」

2022年,永瑞實業以DGM智能回收系統獲得第四屆品牌金舶獎,林修安除了代表永瑞,也以中華民國廢食用油回收產業發展協會理事長身分,

呼籲政府重視廢食用油回收產業，因為其所製成的SAF原料不僅攸關航空業，也影響觀光業、旅宿業、物流業，更可以成為台積電綠色供應鏈的一環。

「台積電努力做綠色晶片，要求供應商慢慢轉型，提供綠色材料進到他的供應鏈。但做好的綠色晶片坐飛機到歐洲、美國，這一段的碳排又算進來，不是很可惜嗎？」林修安說。

有鑑於此，2024年11月永瑞實業號召多家食品及餐飲品牌、石化廠，以及航空公司等，組成國產SAF供應鏈，預計2025年第二季投入生產，以後在台灣回收的廢食用油，就能製成SAF供國籍航空使用，不用運出國，也能變身航空業的減碳利器。

■回收的廢食用油雜質常高達1/3，永瑞實業將其精煉過後，製成永續航空燃料的原料。（王勝雨攝影）

投入廢食用油回收逾11年，近年永瑞實業獲得ISO 14067產品碳足跡認證、台灣循環經濟獎創新技術組傑出獎，減碳實績屢獲肯定。林修安回想創業歷程也曾遭遇困難，2017年，一個荷蘭客戶刻意刁難不付貨款，使永瑞損失新台幣1億多元，跨國官司耗時5年才落幕。

當時靠著中小企業信用保證基金的2,000萬元直接保證函，永瑞幾經波折得到銀行貸款、挺過難關。2020年，永瑞申請加速投資台灣計畫，通過信保基金的審查，1.7億元資金後來用於開發智能回收機台與建廠，當時的投資如今已收到成效。

關於未來願景，林修安比喻，如同Uber Eats滿足顧客、餐廳、外送員的需求，永瑞的平台則要同時滿足石油公司對產源履歷的需求、回收業者及小蜜蜂對提高工作效率的需求、產源端店家回收廢油的需求、政府掌握廢棄物流向的需求。放眼國際，每個國家都有這4種角色、4種需求，因此永瑞實業亦積極布局海外，讓更多國家一起響應。

台灣的廢食用油回收如何做得更好？林修安認為，政府對產源履歷應有明確的政策，或許可以比照寶特瓶的回收機制，在食用油生產、進口時，

■每天晚上，永瑞會以油罐車等大型車輛將機台的油載回處理廠。圖為油罐車與處理廠的油槽。
（永瑞實業提供）

就先徵收回收基金，回收商必須提供詳盡產源履歷，才能獲得補貼。有基金作餌，才能推動循環經濟，將來廢食用油有效回收，做成國籍航空使用的SAF，全台灣都能因此受益。

永瑞實業股份有限公司
- 成立時間：2013年
- 董 事 長：林修安
- 員工總數：約30人
- 總　　部：台南市安南區
- 主要產品：廢食用油回收與精煉外銷

本課重點
- 廢食用油回收
- 永續航空燃料
- AI智能回收系統
- 產源履歷

Chapter 2

掌握綠色轉型助力

企業如何善用科技與金融工具，將減碳行動融入於日常營運，是因應氣候風險的成敗關鍵。成功的轉型不僅有助於降低碳足跡，也能帶來綠色經濟的成長機會，提升企業競爭力。本輯精選7個專題，涵蓋人工智慧（AI）、智慧製造、數位化管理等技術如何成為產業低碳轉型的助力，並探討金融機制如何支持轉型行動。本輯內容除了帶領讀者深入了解企業如何透過數位化、技術創新與金融支持，開啟高效減碳的嶄新可能之外，也闡明了當企業在轉型過程中需要這些技術與金融助力時，可透過那些相關機構獲取支持，以取得適切的解決方案，加速低碳轉型進程。

導讀／劉哲良（中華經濟研究院能源與環境研究中心主任）

工研院導入AI
助產業邁向淨零排放

文 ◎ 張建中

「AI就像是一個很聰明的人。」工業技術研究院院長劉文雄形容，人工智慧（AI）可以快速學習、分析數據，協助人們完成各項任務，比如改善排程和節能等，不過AI並非萬能，需要數據訓練，因此產業數位化相當重要。

多管齊下　四大面向拚淨零

工研院一向是帶領台灣產業向前衝的「金頭腦」，面對全球減碳浪潮，工研院透過技術整合，協助產業邁向淨零排放目標。具有電機與能源跨領域背景的劉文雄，2018年上任後，至2022年陸續成立五大跨領域策略辦公室，其中「淨零永續策略辦公室」主要推動淨零工作；「人工智慧應用策略辦公室」則是促進台灣產業導入AI，發展跨域創新應用。

■工研院院長劉文雄認為，若能善用AI，勢必可以提高能源使用效率，達到節能減碳成效。（工研院提供）

■工研院推動內部淨零,將冰水機改成自行開發的磁浮離心式冰水機。其關鍵壓縮機係利用軸承線圈控制電磁力,馬達主軸在高速運轉時無須與軸承接觸,可高速無接觸摩擦的運轉,能源效率高。(工研院提供)

劉文雄指出,根據國際能源署(International Energy Agency, IEA)發布的2050淨零策略指出,淨零排放分兩階段發展,第一階段是從現在到2030年,使用現有的技術積極布建進行減碳,並可朝再生能源、電氣化、需求與行為改變、碳捕捉、利用與封存等方向著手;台灣可積極投入製造業減碳、建築節能及農業剩餘資材資源化。

第二階段是2030到2050年,必須使用現在尚未出現、或現階段仍是雛形的創新技術與國際合作,包括發展氫能為終極潔淨能源,碳捕捉、利用與封存(CCUS)技術建立健康的碳循環,發展低碳新材料,以及運用「邊際減量成本曲線」(Marginal Abatement Cost Curve, MACC)分析,尋找合乎效益的技術,來達到淨零排放的目標。

因此,工研院淨零排放的解方涵蓋「能源供給」、「需求使用」、「低碳製造」、「環境永續」四大面向。在能源供給方面,工研院與亞氫動力股份有限公司合作投入開發燃料電池,可作為潔淨的替代能源;需求使用方面,工研院與國內重電業者華城電機股份有限公司合作,將儲能最佳化、提升效率;並邀集台達電子工業股份有限公司等12家企業,建置「節能展示建築」,研究隔熱、照明、空調和能源管理系統等節能技術應用。

低碳製造方面，工研院協助中鋼公司透過數位雙生方式進行訓練、分析，不需要實際燒爐，就可以找到最佳的參數；並協助欣興電子股份有限公司監控粉塵汙染物排量，促進製程減少碳排。

至於環境永續面則聚焦於資源循環再利用。劉文雄說，過去每當看見以燃燒方式處理回收衣服，就覺得很可惜，如今工研院運用拉曼光譜[1]，加上感測器和AI模型，只需0.7秒便可辨識一件衣服的混合料比例，並可依材質將回收衣服、邊角料進行分類，一年分選量可達7,000噸；分選後的聚酯纖維還可重新再製，實現纖維循環利用。

人機雙腦協作　製程無痛升級

工研院更以AI為核心能量，開發從產品製程設計到生產排程最佳化的完整技術解決方案。

傳統產業以往大多依靠工程師經驗來找出最佳製程參數，不過隨著製程愈來愈複雜，單憑經驗已難以應付，如石化業參數涵蓋溫度、壓力、入料量、觸媒溶劑添加比例等，且參數調整又有高度安全性考量，若調整錯誤可能引發爆炸，因此多進行保守性調整，連帶影響效能受限。

工研院透過製程分析與參數最佳化技術，以AI虛擬工程師與製程工程師「雙腦協作」，協助石化廠突破反應站產率瓶頸，生產效率提升2.5%，相當於節省3.01%的原料及能源耗用，同時在純化站節省蒸汽耗用量3%，一年減碳約6,500噸。此外，工研院還協助玻璃業品質提升3%，能耗降低2%，一年減少碳排約1,500噸。

針對鋼鐵業金屬熱製程，工研院透過智慧排程技術改善生產流程，協助廠商將相似的加熱曲線製程鋼材訂單進行集批生產，減少保溫爐爐次，節省8.7%的天然氣耗費，同時調整後製程鍛造和退火站派工，減少鍛造機空轉電力5.79%，估計一年減少4,000噸碳排，技術更擴散應用至金屬加工熱處理等產線，以數位科技實現工廠節能減碳。

---

[1] 拉曼光譜：光學技術，原理是利用光散射現象來測定樣品，從而獲取樣品分子結構與震動特性等資訊。

智慧排程　打造低碳海運

此外，國際海事組織（IMO）以2008年為基準，2030年海運公司的碳排量必須減少4成，2050年則要達到淨零排放，等同台灣航商也要快馬加鞭跟上永續低碳的腳步。

影響船隻航行的因素很多，除了貨、水、油，天氣、碼頭壅塞和水道等也都是變數。過去，長榮海運股份有限公司仰賴船長的經驗來進行排程，每每需要花費4到5天才能完成；長榮和工研院花了兩年時間，開發出智慧減碳排程系統，上路後，不僅將成本、碳排和營收都納入考量運算，協助長榮找出最佳航行路徑，及如何轉接貨等船舶規劃決策，排程時間也縮短到僅需4至5個小時，還能每天動態檢視排程是否已最佳化。

根據工研院估算，透過整合船隊、辦公室、碼頭靠泊等資訊，加強對船舶營運能效資料的收集與分析，即時測算船舶的碳強度指標等資訊，長榮每年可節省3%至5%的燃油費用，並減少10%至15%的碳排放，相當於年減400萬噸碳排放量，同時省下數百萬美元燃料成本。

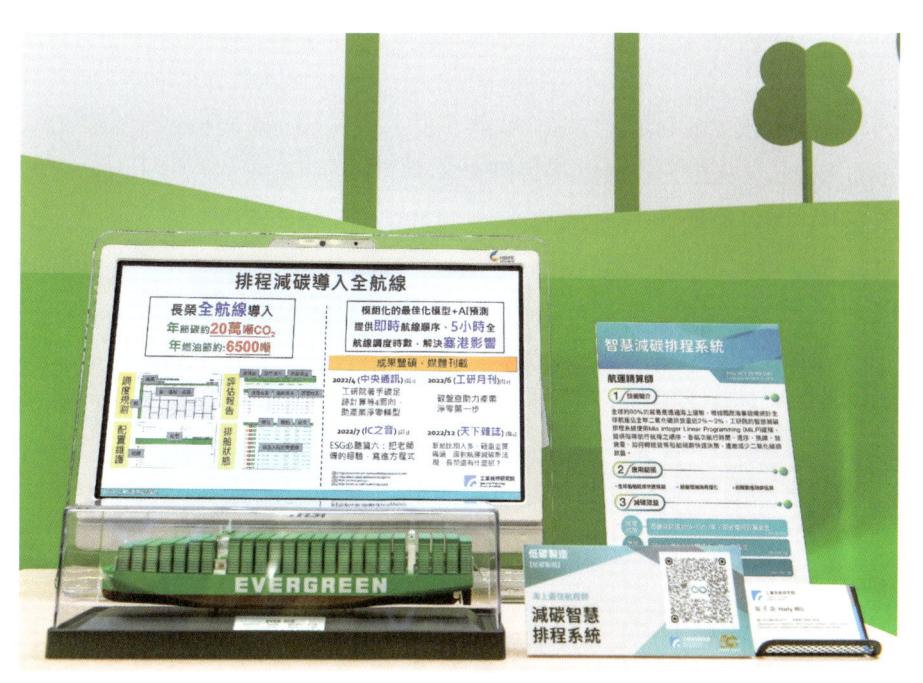

■工研院的智慧排程系統協助長榮海運將排程時間從過去的4至5天，縮短到僅需4至5個小時，每天都可以檢視排程是否已最佳化，並且節省燃油費用及減少碳排放量。（工研院提供）

結合產學資源　培力企業綠色轉型

深耕節能減碳技術已久的工研院，2022年首度舉辦「ITRI NET ZERO DAY」活動，劉文雄說，原本只是想試試水溫，結果反應很好，2025年4月已邁入第四屆。

如今企業對於節能減碳意識提高，知道事情的重要性，想善盡責任，不過不少企業卻苦於不知道從何下手。劉文雄觀察，有些業者連打電話或寫電子郵件到工研院，都不知道要問什麼。

工研院2024年的「ITRI NET ZERO DAY」活動便以淨零永續策略顧問團為重點，引領企業進行節能減碳。劉文雄說，企業首先要找出問題出在哪裡，找到排碳的熱點，是製程、原料或是產品，才能對症下藥。

工研院有很多跨領域技術，可以幫忙企業解決問題。例如「永續碳管理平台」，可供註冊廠商估算產品碳足跡與組織溫室氣體，以礦泉水公司的個案為例，透過運用該平台，分析製程、進行碳盤查，發現最大的碳排熱

■工研院2024年的「ITRI NET ZERO DAY」活動以淨零減碳策略顧問團為重點，引領企業進行節能減碳。（工研院提供）

點是在原料端,也就是瓶子。業者隨即將瓶身作減碳最佳化設計,將瓶蓋變薄,減少原料用量,成功減碳20%,並獲得減碳標籤肯定。

　　為協助企業產業升級、培育綠領人才,工研院還匯集產學資源,開辦「淨零永續學校」,可線上免費觀看淨零碳排、永續能源、低碳科技等主題課程;另並開設進階專業課程,提供處於不同減碳階段的企業進行選課。

　　劉文雄強調,台灣有很多傳統產業,數位化、自動化還在比較初期階段,若能善用AI,勢必可以提高能源使用效率,達到節能減碳成效,是未來持續努力的方向。

財團法人工業技術研究院
- **成立時間**:1973年
- **董 事 長**:吳政忠
- **院　　長**:劉文雄
- **員工總數**:約6,000人
- **總　　部**:新竹縣竹東鎮
- **服務項目**:產業技術研發應用

本課重點
- AI智慧減碳排程
- 節能及資源循環技術
- 跨領域技術整合
- 永續碳管理平台

企業的淨零必修課

從智慧機械到綠色智造
精機中心帶動永續發展

文◎蘇曉凡

　　自主移動雙臂機器人的研發應用，實踐產線自動化；數位機上盒（SMB）幫助業者處理及搜集各項生產數據；紅外線的塑料烘乾機，減少傳統烘乾方式的耗能，這些都是精機中心為機械產業帶來的數位轉型。智慧化生產帶來的不只是便利，更與節能減碳息息相關。

　　1993年成立的PMC精密機械研究發展中心，是鞏固、串連台灣精密機械產業的重要單位。作為產業後盾，一直以來持續累積量能，推動企業轉型，帶領台灣相關產業在國際市場占有一席之地。

　　面對工業4.0，前總統蔡英文推出五加二產業創新計畫，智慧機械便是

■精機中心2024年協助名陽機械取得ISO 14955工具機節能測試認證證書。左為精機中心代總經理李健勳。（精機中心提供）

其一產業,精機中心也配合政策與國家資源,推動工具機產業的數位轉型。淨零碳排議題近年在國際上備受重視,精機中心遠瞻趨勢,早先一步投入人才培育與技術研發,讓台灣精密機械產業順利邁入減碳新時代。

低碳化結合智慧化　雙軸轉型提升競爭力

「低碳化與智慧化,其實是連在一起的。」精機中心代總經理李健勳強調。他舉例,智慧檢測技術也運用在家具業者,知名家具廠商每年瑕疵品退貨的成本高達數百萬,後來導入AI檢測,確保家具組裝、木板木紋揀選的正確和完整,「結果成本很快就回收了,到最後也影響到碳排量。」李健勳說,光是退換貨的人力與物流,就減少掉許多浪費。

「之所以說兩者是緊密相關,是因為減碳背後是需要技術支撐的。」這也正是歐盟於2021年所提出的雙軸轉型（Twin Transition）概念,明確宣示綠色經濟與數位轉型將是企業發展兩大關鍵競爭力。

歐盟推動碳邊境調整機制（CBAM）,預計於2026年正式實施。在台灣,雖然精密產業並非用電大戶,未列入環境部首波碳稅課徵對象,但企業仍須跟上歐盟趨勢,並回應歐洲客戶的需求。台灣精密產業在國際市場占有一席之地,因此李健勳強調,企業必須推動綠色轉型與智慧轉型,以確保競爭力。

全方位助攻　健檢、輔導再查證

「消費性商品的碳足跡比較好訂,工業產品因為客製化規格太多,比較複雜,有許多需要納入考量的因子。」李健勳解釋,企業減少碳排分成三大階段,一是碳盤查,類似健檢概念,全面盤點每個生產階段的碳排量;二是輔導,精機中心協助企業制定改善碳排的方針;三則是查證,輔導改善後的碳排數據。精機中心提供企業盤查、輔導服務,也作為第三方認證機構,但為秉持獨立性,針對同一家企業,不會同時提供輔導及查證服務。

2021年,精機中心便超前部署,啟動相關準備,早於政府2023年初推動的疫後產業升級轉型規劃。「第一步,我們先建立自己的盤查能量」,精機中心派遣碳管理人才到外商公司觀摩受訓,成立盤查團隊,並於2023年4月取得全國認證基金會認證,成為合格的第三方溫室氣體查證機

構,具備溫室氣體盤查(ISO 14064)認證能力,也預計將於2025年底取得碳足跡(ISO 14067)認證資格。李健勳說明,碳足跡盤查標準複雜,「需要梳理產品製造的每一個環節,包括原物料的組成」,才花了更長的準備時間。

近年來,精機中心積極協助中小企業導入數位機上盒及能源管理,企業隨時更新設備各項數據,也掌握了組織碳排的數據。團隊的技術部門再針對碳排熱點,協助企業提出相對應解決方案。另一方面,在產品碳排方面,精機中心也提供「結構輕量化技術」研究,李健勳表示,機械設備結構件多是金屬材質,這些材料使用愈多,碳足跡也就愈高,技術部門會設法在保持生產精度、效率與品質等方面的前提之下,減少設備重量及減碳目標。

對於這些機密機械業者來說,「如何降低設備使用的碳排,對於終端產品影響非常重要。」李健勳說,不僅僅是考慮使用設備的時間與頻率,而是需要整合工序優化製程,在訂單交期與節能兩者之間,尋找利益最大化的平衡點,「這些國際大廠以往的機器操作,可能就是盡量調整至最快,但現在有一個趨勢是多了節能模式。」如同許多汽車的節能(Eco)模式設計,精機中心藉由AI協助計算,綜合考量各種影響因子,包括減少碳排、生產特性及交貨需求,提供業者最合適的操作方案。

■精機中心開設節能減碳班,協助各企業累積減碳量能。(精機中心提供)

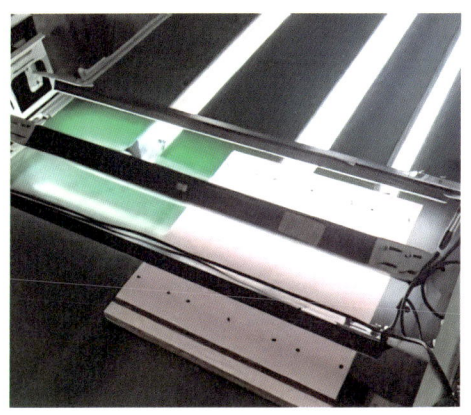

■AI AOI瑕疵檢測系統於木板類的應用。（精機中心提供）

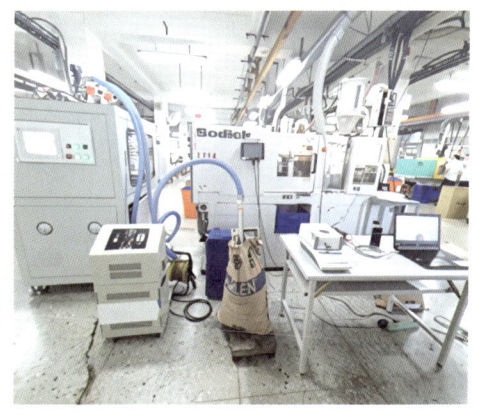

■精機中心帶動工具機智慧轉型，圖為紅外線的塑料烘乾機，減少傳統烘乾方式的耗能。（精機中心提供）

舉辦課程培育人才　用知識破解碳焦慮

「減少碳排是國際趨勢，如果可以落實到供應鏈，等於先取得入門資格、擁有參賽權。若是轉型成功，我們產品的國際競爭力會大大提升。」

李健勳特別強調，減碳不能只發生在企業本身，還需要擴及至它的供應鏈，「以大帶小」將減碳議題影響出去。「光是自己減碳很有限，透過中心廠、大廠去帶它的供應鏈，大家一起做減碳，效益才會大。」

轉型並非易事，李健勳說，過去不少供應商面對碳排議題不以為意，導致中心廠不得不提出碳排目標，給予供應商一點壓力，鞭策供應鏈一起減碳轉型。這也是幾年前，企業有「碳焦慮」的原因，尚未掌握碳排知識與執行能力，來自法規與大廠的壓力卻已在眼前。

因此精機中心與政府、大專院校合作，持續舉辦相關訓練課程，培育相關人才，也協助各企業累積減碳量能，「我們針對不同（類型屬性）人員開設不同的課，有CEO班、種子班、進階班……，因為減碳不只是經營者的事情，也不只是部門主管的事，必須是全公司一起動起來，要有共識，這些課程是幫助大家建立這些概念。」

「公司了解到要做哪些事情，才不會焦慮。」李健勳說，如今多數企業都擁有碳排知識，意識到減碳勢在必行，推動節能減碳已非難事，「他們現在知道必須要做。」

不過,綠色轉型不可能是一次性任務,更重要的是創造一個永續發展的價值鏈,「這件事不是今年想做,明年就可以完成的,需要持續地做,才有機會建立健全的產業生態性。」李健勳強調,節能減碳需要上下游企業、甚至跨部門的長期合作,才能整體向前推動。

「減碳的另一個隱藏意義是,企業未來能夠降低營運成本,提高利潤。」看似繁瑣且重本的減碳轉型,李健勳說,長遠來看,減碳能夠有效減少未來碳稅(費)成本,也將有機會取得碳權,對企業來說,都是一項收益。

所謂轉型,即是商業模式的升級,智慧化搭配節能減碳,讓台灣機械產品未來不再只是販賣硬體產品,而是走向客製化的軟體加值服務,這是李健勳所期待的未來,「台灣精密機械產業體質不錯,根基很好,如果能夠順利升級轉型,對整體產業會是很好的機會。」

至於精機中心的發展目標,李健勳說,他將帶領團隊,一步步健全韌性企業的體質,因應大環境的各種趨勢變動、彈性結合各種資源,隨時快速回應台灣精密機械產業的需求,為台灣企業爭取國際競爭上的優勢。

財團法人精密機械研究發展中心
- 成立時間:1993年
- 董 事 長:莊大立
- 員工總數:約250人
- 總　　部:台中市西屯區
- 服務項目:精密機械研發、檢測技術服務

本課重點
- 智慧化生產技術
- 輔導企業雙軸轉型
- 第三方查證單位

綠領職缺有哪些

職缺	工作內容	條件
碳盤查管理師	- 蒐集分析國際淨零排放和ESG相關議題發展趨勢 - 執行溫室氣體盤查和產品碳足跡盤查輔導 - 執行政府減碳相關計畫	具ISO稽核類證照尤佳
溫室氣體盤查／產品碳足跡顧問	- 進行ISO 14064-1溫室氣體盤查及輔導工作 - 進行ISO 14067產品碳足跡盤查及輔導工作	具ISO 14064、ISO 14067證照與盤查實務經驗
永續管理師	- 掌握永續發展趨勢及相關法規，擬定企業ESG相關發展策略與執行 - 定期追蹤ESG發展成效和專案 - 統籌永續委員會會議與永續資訊揭露事務	具ESG相關證照尤佳（如ESG永續管理師、企業永續管理師、國際標準ISO 14064-1組織溫室氣體盤查內部查證員、國際標準ISO 14067碳足跡主任稽核員）
綠電交易員	- 電力交易客戶開發與經營，包括客戶提案、場勘、日常維運與突發狀況溝通等 - 電力資訊平台開發 - 追蹤能源政策與相關法規	

資料來源：環境部、人力銀行

綠領工作熱門能力檢定排名

排名	環境專業能力檢定
1	企業／ESG永續管理師
2	國際標準ISO 14064-1組織溫室氣體盤查內部查證員
3	國際標準ISO 14067碳足跡主任稽核員
4	國際標準ISO 14064-2溫室氣體減量抵換專案主導審查員
5	國際標準ISO 14064-1組織溫室氣體盤查主導稽核員
6	經濟部初級電動車機電整合工程師
7	永續金融管理師
8	淨零碳規劃管理師-初級能力鑑定iPAS

資料來源：環境部《綠領人才就業趨勢報告》

數位賦能電網轉型
加雲聯網為淨零助攻

文 ◎ 林巧璉

企業的淨零必修課

「這幾年我們看到太多，走向淨零路上的中小型傳統產業徬徨無助」，加雲聯網（ICP）業務經理吳沛容在訪談過程中的這句話令人印象深刻，也點出企業淨零面臨的難關。

在困難中看到機會，加雲聯網近年全力聚焦再生能源、儲能、虛擬電廠等創新領域。

加雲聯網2017年成立，從一間5人的小公司，到現今170人規模的團隊，實收資本額已達新台幣3.86億元。創業初期為了生存下去，小至幾千元、幾萬元，大至數十萬、數百萬的案子，只要有案就接；2019年立定目標，投入再生能源產業，著重系統整合，也躍升為台灣邁向淨零路途上的重要成員。

加雲聯網以電網技術服務為核心，從規劃設計、系統設計、通訊布局、盤體製造到施工維運，提供企業一站式服務，台灣電力公司即是其主要客戶之一。

資通訊整合是強項　穩固電網做客戶後盾

隨著國際能源轉型趨勢興起，企業治理發展趨向永續綠能，轉型過程中企業第一個面臨到的便是：「該怎麼做？能做什麼？」

加雲聯網從與台電合作經驗中，摸索出Know-how，從初期的系統整合，到顧問設計服務，從無到有為客戶客製化設計出適合的能源方案。

吳沛容說，傳統電網主要來自燃煤、燃氣或核能電廠，都是集中式能源

模式,特性是穩定、可控;而能源轉型後的再生能源,如太陽能、風能、離岸風電等,則較分散、不穩定。「過去是大電廠時代,只須集中管理這些大電廠;而發展綠能後則是要管理數百、數萬的小型供電廠,也讓整合、調控上更有挑戰性。」

再生能源的發展讓穩定供電面臨挑戰,卻也讓加雲聯網在能源轉型浪潮下看到絕佳的機會。加雲從整合大小不同的系統設備出發,吳沛容說,「不論是變壓器、開關、儲能設備、電表等,加雲都能協助整合,所採集的資訊透過我們的網路架構做到資通訊傳輸」;這些電網智慧化後,利用數位技術進行即時監測、預測和管理,接著透過人工智慧(AI)和巨量資料分析,根據需求動態調整電網運作。

加雲聯網採取合縱連橫策略,與德國西門子(SIEMENS)等一流廠商合作,「加雲本身不生產製造設備,透過經銷、代理設備,與原廠共同開發,並加入自主研發的軟體服務,供客戶使用。」吳沛容解釋。

「透過加雲的系統服務,可幫助客戶達到100%執行率」,以工業電腦大廠為例,客戶使用了加雲的微電網管理系統(Microgrid),加雲提供

■加雲聯網業務經理吳沛容說明加雲的智慧電力合作廠商。(董俊志攝影)

兩套系統，一套是控制儲能地端設備，就是控制設備的充電和放電；另一個是交易投標系統（PowerTrade），可即時看到交易狀況和營收。

吳沛容說，企業透過加雲的顧問服務，可清楚了解自身需要哪些系統模組因應，「這些服務在加雲都找得到，尤其是PowerTrade提供給超過14家合格交易者使用，聚合超過50個資源參與電力交易。」

虛擬電廠+綠電交易平台　客製能源解方

2024年，加雲聯網自主研發「虛擬電廠智慧雲」（Intelligent Virtual Power Plant, iVPP）服務，運用AI技術於需求預測、能源調度、負載平衡和碳排放計算，提升能源使用效率；藉此提供客製化調度策略，包括利益最大化、綠電使用最大化或減碳效益最大化等能源目標。

「iVPP虛擬電廠智慧雲平台可提供從表前到表後[1]的全方位能源解決方案。」吳沛容說，平台上包括能源管理系統、太陽能維運管理系統、微電網管理系統、企業營運戰情中心、電力交易管理系統及綠電媒合管理系統等十大模組，目前已有不少企業採用。

同時，加雲也攜手中租控股旗下子公司仲昱電業合資成立光泰電業，共同推動再生能源應用與發展。整合中租控股旗下近4,000座太陽能案場及加雲系統技術，旗下綠電媒合管理系統InteGreen一躍成為全台最大的綠電交易平台。

吳沛容說，光泰電業擁有1.4百萬瓩（GW）太陽能發電資源，希望藉由中租資源導入，讓客戶買到永續電力，「有很多表後的客戶想要買綠電，但卻不知道怎麼買、跟誰買、要花多少錢，這時這些資源就很重要。」

InteGreen也是全台灣第一個針對綠電交易的軟體即服務（SaaS）[2]，可以同時讓發電業、售電業及用電戶三方上線使用，利用發電數據與用電戶的用電模型作最佳化的匹配，讓售電業在轉供過程中，即時掌握轉供情

---

1. 表後儲能：意指安裝在電表與用戶之間的儲能系統，可將電網或再生能源產生的多餘電力儲存起來，在用電高峰期釋出使用。
2. 軟體即服務（SaaS）：英文全名為 Software as a Service，是一種雲端軟體服務模式，使用者可透過網路即時存取與使用軟體，無須另行安裝或維護。

■加雲聯網將力道集中在研發軟體服務，提供整合系統解決方案。（加雲聯網提供）

形、餘電量（率）、合約管理、對帳管理；而用電戶也能方便查看RE目標[3]達成率、減碳量等。

透過InteGreen，可有效提升綠電交易效率，讓餘電最小化，減少能源浪費；並協助企業（用電戶）實現碳中和目標，增強競爭力。吳沛容說，「我們希望能走在最前面，才能確保加雲提供的服務接軌國際。」

率先取得國際認證　以創新技術跨足能源市場

吳沛容說，在變電所初期建置中導入IEC 61850時，需要確保設備之間的互通性、系統的穩定性以及數據的準確性。然而，由於技術門檻高且規範複雜，整合不同廠商設備的過程中可能出現兼容性問題。為確保自身技術符合國際標準，加雲率先取得台灣第一張IEC 61850-10 Server技術認證，並透過模擬與測試反覆驗證不同設備間的協同運作，減少實際部署中的潛在風險。

3　RE目標：企業使用再生能源的目標。如RE100（Renewable Energy 100），意指加入企業必須公開承諾在 2020 至 2050年間達成 100% 使用再生能源的目標，並逐年提報用電數據。

IEC 61850是什麼？這是國際電工委員會（IEC）制定的電力系統通訊協定標準，主要用於規範電力系統各設備之間的通訊介面，以實現電力系統的互通性及智慧化運作。近年台電推動智慧電網，要求廠商提供的電力設備必須取得IEC 61850認證，並參加台電的互操作性試驗。

通過此認證同年，加雲正式踏入能源市場，承接千萬元大型專案；隔年進入台電供應體系，再下一年開始執行離岸風電專案，2022年正式推出儲能及電力交易解決方案。

如今，在台電的許多案子裡都有加雲參與的身影，包括彰一開閉所、義和開閉所、金門塔山電廠；斗六、虎科、港工、和順、道爺、楠旗、豐華、清泉、草屯、新東等變電所。

為提升系統整體的穩定性與可靠性，加雲採用西門子的產品進行整合，2024年4月獲西門子德國總部頒發「技術創新冠軍獎」，表彰加雲在AI與能源創新領域的突出表現。

此外，加雲也成為西門子Certified Solution Partner（認證解決方案合作夥伴），與西門子共同推進智慧電網和數位雙生技術發展，並投入國外的綠能產業，輸出技術。吳沛容說，在智慧電網的時代更顯AI的重要，透過AI技術可處理大量資通訊內容，而數位雙生則將所有的數據、參數、現場狀況都在系統上進行模擬。

■加雲聯網於2017年成立，近年公司聚焦於能源產業，獲得不少獎項、認證。（董俊志攝影）

投入能源整合初期,加雲花費大量時間介接不同系統與平台的資訊,「導入AI技術後,運用大型語言模型(LLM)建立能源知識庫,將每次專案執行的經驗濃縮和整理至知識庫,就可大量減少技術人員需在施工現場找問題的時間」,吳沛容說,比如數位雙生技術,利用先進感測技術、資料分析和模擬技術,「在電腦前就已經可以知道現實世界的運作狀況,事先做好預防性的測試,確保在案場執行的正確性。」

不浪費每一度電　要做新能源整合專家

回首創業路,資金始終是大問題。創業初期,由於專案執行期長、收款速度不如預期,廠商貨款、員工薪資等開銷卻須即時支付,資金壓力隨之而來。幸好當時在銀行推薦下,加雲聯網透過中小企業信用保證基金的間接保證,順利取得青創貸款。

隨著公司規模日益茁壯,加雲再透過信保基金的小額擴大方案與供應商融資,提高周轉金,讓營運更順暢。

穩健的資金支持讓加雲得以專注技術發展,持續推動智慧能源解決方案。談到未來目標,吳沛容說,綠電媒合平台透過AI能讓每一度電都發揮價值、得到最充分的運用,加雲自詡為新能源時代的整合專家,希望能從技術創新、資源整合到市場機制改革,引領未來智慧電網與綠色能源技術的發展。

加雲聯網股份有限公司

- 成立時間:2017年
- 董事長:廖斌毅
- 員工總數:約170人
- 總　　部:高雄市苓雅區
- 服務項目:電網技術服務

本課重點

- 一站式電網技術服務
- iVPP虛擬電廠智慧雲
- 綠電媒合平台

企業應戰綠色轉型海嘯
BSI：標準即解方

文 ◎ 陳姿伶

企業的淨零必修課

「標準有兩個用意，一個是告訴你怎麼做，一個是確定你有沒有做好。」訪談中，英國標準協會（BSI）台灣分公司技術長鄭仲凱一語道出標準制定的用意。

所謂的「標準」，在淨零碳排領域上，就是ISO 14064（溫室氣體盤查）、ISO 14067（產品碳足跡）等標準，也是現下在減碳賽道上競逐的企業間，最火熱的關鍵字。而負責標準查證的第三方稽核員，在市場需求量爆增下，更成為企業排隊等待的「稀缺資源」。

訪談前一週，身兼稽核工作的鄭仲凱剛從馬來西亞環灘島出差回來。那是一座從沙巴市中心搭船還要一個小時的無人島，由BSI的客戶信義房屋股份有限公司買下，正透過種樹經營碳匯以及復育海龜，致力打造為永續旅遊的低碳島。而鄭仲凱此行，就是為了進行溫室氣體盤查。

共同參與訪談的BSI行銷部協理簡慧伶笑著說，「以前我們真的很低調，很多人都不知道我們在做什麼」，如今BSI詢問度愈來愈高，也常見諸報章媒體，「跟現在的ESG熱潮有很大的關係。」

■BSI稽核驗證專家實地稽核，協助組織落實標準要求，獲得更高的營運韌性、透明度和信譽。（BSI英國標準協會台灣分公司提供）

建立國際共通語言　從英國標準到全球規範

BSI是英國皇家特許機構，可說是半官方單位，是英國制定國家標準的代表機構。同時，BSI是1947年成立的國際標準化組織（ISO）的創始會員之一，並在其中扮演要角，現今許多ISO標準的前身，其實都是BSI為英國寫的國家標準，像是國際上被廣泛採用的品質管理系統標準ISO 9001即是其一，而在永續領域上，包括碳足跡、碳中和（ISO 14068）以及能源管理（ISO 50001）等標準，也都源自BSI。

簡慧伶解釋，標準不只有個別國家需要，若全球要有共通的語言，就要透過各國代表一起討論與投票，以進一步成為ISO標準。以制定碳足跡標準為例，當時已有BSI為英國寫的版本，且有不少企業採用，具有一定的成熟度，ISO便委由BSI成立秘書處，與ISO其他會員國開會，制定全球流通的ISO標準。

推廣與教育並行　助企業掌握標準應用

BSI的工作不只是制定標準，也在全球推廣。簡慧伶說，英國皇家給BSI的使命，是要用標準來改善社會，讓世界變得更好，「光寫標準沒有用，我們要去做教育訓練，讓大家了解現在的趨勢，以及會面臨的風險。」

因此，BSI在台灣時常辦理研討會與論壇，並開設相關課程，包括對外招生的公開班、企業內部包班，以及網路線上隨選課程。

■BSI與臺灣碳權交易所合作開辦淨零相關國際標準課程，培育優秀綠領人才。（BSI英國標準協會台灣分公司提供）

簡慧伶說,「我們都做得蠻早的」,20年前,BSI就在台灣推廣溫室氣體盤查,全球的第一張ISO溫室氣體盤查證書,是2005年由BSI頒給正隆股份有限公司大園廠;而PAS 2050[1](產品碳足跡標準)也早在2009年開始在市場上推廣,並於當年由BSI將台灣第一張證書發給黑松沙士(黑松股份有限公司)。

「標準就像是企業的一本管理參考書」,簡慧伶說,像ISO 50001這本參考書,就是在談能源管理的解方,企業取得標準文本後,將公司內部PDCA[2]的循環都依據這本標準的要求,在相關部門建立流程文件,就可以找第三方稽核單位驗證。

她這樣譬喻,若將通過標準查證當作是一場考試,BSI既提供參考書的販售,也提供補習班說明參考書的內容。課上完後,少數一些厲害的資優生能自己完成考卷(建立系統文件),找來老師(如BSI這樣的稽核機構)改考卷,「但在台灣大多數的企業都還是要找顧問輔導」,幫忙寫考卷,再找第三方查證。

鄭仲凱說,BSI的講師通常也擔負稽核的工作,對個別產業特性都有相當的了解與查證經驗,因此在標準流程的上課演練時,會針對不同企業的特性帶入範例的描述。

不過,「我們是不做任何輔導顧問的」,簡慧伶特別補充,因為「球員兼裁判」會有公正性與獨立性的爭議,若驗證單位提供一條龍的服務,就觸犯了這個產業最大禁忌。簡慧伶話鋒一轉,「可是國內確實是有,因為(綠色轉型)這個剛性需求突然冒出來,許多業者積極投入這個市場,可是卻沒有深入了解這產業的行規。」

稽核市場火熱　四方力量推動

簡慧伶說,現今企業的綠色轉型風潮與稽核市場的火熱,背後有四方驅動力,最主要的兩種,是企業為了符合政府法規命令,以及供應鏈的要求,特別是資源缺乏的中小企業更是如此。若企業的目的是為了符合法

---

1 PAS編號代表是產業標準。PAS 2050是ISO 14067前身。
2 PDCA是一套循環式的流程方法,經常用於品質管理,指規劃(Plan)、執行(Do)、檢查(Check)、改善(Act)。

■英國標準協會台灣分公司技術長鄭仲凱（左）與行銷部協理簡慧伶（右）共同接受訪問。（裴禎攝影）

規，通常最急迫的就是要做溫室氣體盤查，以及永續報告書的揭露。

金融監督管理委員會規定，2023年起上市櫃公司須依資本額規模分階段強制揭露溫室氣體盤查資訊並查證，環境部也要求特定行業別及全廠（場）溫室氣體排放量達每年2.5萬公噸二氧化碳當量之製造業每年進行溫室氣體盤查、登錄及查驗；金管會並要求全體上市櫃公司2025年起揭露永續報告書，符合特定條件者需委託第三方機構進行查證。

至於供應鏈方面，「依據我們的經驗，標準制定出來後，大概5到10年都會變成供應鏈的要求。」

而另外兩方驅動力，多是大型企業為了公司形象而做，或是企業為了符合環境、社會及公司治理（ESG）標準，以吸引綠色融資和責任投資，獲得更多資金支持。

盤查、減碳到淨零　標準即為各階段解方

企業要做綠色轉型，鄭仲凱說，「我們的工作是告訴企業每一個標準能做到的事情是什麼，然後提供他方案。」

簡慧伶說明，通常可分為幾個階段。首先，如同減肥要先秤重，要知道重在哪裡，減碳也是一樣，「所以若客戶第一次來找我們，一定會請他先

■參與亞太永續會展，將BSI引領的永續國際標準教育訓練及稽核驗證服務推展至各界。（BSI英國標準協會台灣分公司提供）

做溫室氣體盤查」。知道自己體重後，因大多數的碳排多來自於用電，因此，導入ISO 50001能源管理標準通常會是很好的減量方式，又或是企業特性適合的話，也可以導入BS 8001[3]循環經濟的標準，第二年就能再做一次溫室氣體盤查，確認碳排減少的狀況。

接著，也可以導入產品碳足跡、碳中和的標準，甚至進一步達到淨零。鄭仲凱說，BSI與多國專家已聯合研發出IWA 42淨零指南，於2022年發布，可供企業依循，並預計在2025年11月舉行的聯合國氣候變化綱要公約締約方第30次會議（COP30）轉化為ISO的正式標準。

鄭仲凱舉2018至2024年連續多年獲得BSI永續發展相關獎項的客戶—汽機車零組件製造商至興精機股份有限公司為例，其陸續導入環境管理系統（ISO 14001）、溫室氣體盤查、能源管理系統，並發表TCFD（氣候相關財務揭露）及永續報告書，揭露企業各項環境數據與永續作為。

在能源管理上，至興精機先收集數據找出耗能重大機組，以空壓機為例，最大耗能在管線漏風，在BSI稽核員提醒下改為變頻並做分流，需要才啟動，並定期巡檢改善管線漏風。在老舊設備汰換後，每年省下的電費達新台幣一、兩百萬元，讓公司高層十分有感。

---

[3] BS編號代表是英國標準。

簡慧伶則以2024年蟬聯BSI永續韌性獎的信義房屋為例指出，信義房屋早在2010年便委由BSI查證，發布永續發展報告書，更陸續在全台各門市據點進行碳盤查、計算服務碳足跡，並於2018年起導入PAS 2060碳中和標準，擇定北中南各一家分店作為「碳中和門市」計畫示範店，通過BSI查證後，逐年導入其他門市。

迎接淨零大浪　台灣企業的優勢與挑戰

「其實台灣的永續反而是做得比較前面的」，身在跨國公司的鄭仲凱，時常能接觸到其他國家的發展狀況，他提到台灣從企業到政府，再到公民社會，都在積極推動減碳，「說真的哦，我們不見得比國外差，企業在台灣可以接收到的資訊，不一定會比國外慢。」

不過，鄭仲凱說，火熱的市場也帶來了亂象，讓資訊變得多而混亂，且台灣法規命令變動很快，特別是資源有限的中小企業，可能需要與BSI或其他專業單位合作，才能即時獲取最新與正確的資訊。

簡慧伶則談到，台灣政府積極與國際接軌，像是在上市櫃公司揭露永續報告書與查核等法規命令的制定與要求上，與許多國家比較相對早，這也使得國內企業因應永續轉型具有急迫性。

台灣中小企業數占全體企業達98%以上，鄭仲凱說，因為成本考量，中小企業在減碳上大多起步較晚，但他認為台灣企業厲害之處，是他們的敏捷度高，只要客戶要求，就能馬上做調整。

簡慧伶說，許多企業將綠色風潮視為挑戰，但BSI希望藉由標準，使企業能更積極地因應，讓他們看到淨零轉型的背後，其實潛藏著更大的商機。

BSI英國標準協會臺灣分公司
- 成立時間：1996年
- 東北亞區董事總經理：蒲樹盛
- 員工總數：約160人
- 總　　部：台北市內湖區
- 服務項目：標準教育訓練與驗證、
　　　　　　第二方／第三方稽核

本課重點
- 制定標準
- 第三方查證單位
- 綠領人才培育

企業的淨零必修課

助中小企業綠色轉型
信保基金給魚也給釣竿

文◎林孟汝

　　千架約180公尺高的白色風機矗立在台灣西部外海，迎風轉動，成為台灣能源轉型的重要支柱，但很少人知道，台灣第一座離岸海氣象觀測塔是由信保基金直接保證新台幣1億元才能順利建置，自此開啟台灣離岸風電發展的序章。而透過信保基金推出的相關措施，也引領中小企業綠色轉型行動。

　　永續經營已是無可迴避的趨勢，財團法人中小企業信用保證基金董事長魏明谷指出，2050年淨零碳排攸關台灣競爭力，大型企業早已蓄勢待發，但中小企業在缺乏資訊及預算、人力情況下，經常不知從何下手，經營面臨嚴峻的衝擊與挑戰，因此政府各部會及信保基金陸續分別推出不同的補助案及保證案、鼓勵綠色金融授信，確實挹注中小企業低碳轉型的資金活水。

■信保基金董事長魏明谷（左1）帶領資深主管群及同仁積極到全省各縣市舉辦座談，也參與各產（企）業公協會、團體活動，打響信保知名度。（張皓安攝影）

低碳轉型資金掛保證　企業化危機為轉機

信保基金長期對投資綠能的中小企業提供保證外，2023年陸續啟動包括六大核心戰略產業中再進化的「國家發展優惠保證措施」、「協助中小型事業疫後振興專案貸款（簡稱：疫後振興專案貸款）」、「中小企業低碳化智慧化轉型發展與納管工廠及特定工廠基礎設施優化專案貸款（簡稱：低碳智慧納管貸款）」等。

其中的「國家發展優惠保證措施」至2024年12月底保證件數已達9,847件，協助企業取得740.55億元融資；同時「低碳智慧納管貸款」也保證2萬3,853件、融資逾2,073.80億元，成績亮眼。

魏明谷說，為減輕企業成本，除了政府給的利息補助外，信保基金又加碼從低收取保證手續費，並提高了信用保證成數，如2024年1月起「疫後振興專案貸款」的保證成數就提高為9至10成，「等於接近是100%承保」，給企業在疫後景氣復甦更大支持。而為讓中小企業少走冤枉路，信保基金也與工業技術研究院、公協會等合作夥伴手把手輔導業者解決問題。

信保基金協助案例包括原來做傳統製鞋代工的馳綠國際股份有限公司，改採先進技術，將咖啡渣等廢棄物轉化為環保鞋材，2022年成為全亞洲第一家通過B型企業認證的衣鞋產業公司。

另一個案例是已在興櫃交易的環拓科技股份有限公司，長期致力廢輪胎裂解技術及產品應用技術開發，能有效地處理廢輪胎所產生的環境問題，2023年在日本、沙烏地阿拉伯同時啟動合作計畫，拓展技術輸出。

信保基金副總經理張文巧表示，信保基金是配合中央以「團隊戰」來推動政策，「讓企業銜接的資金是不會斷鏈的」，如政府2025年將投入116億元協助中小微型企業走向國際市場，以普惠貸款、租稅優惠及信保機制等配套措施，幫助中小微企業落實數位、淨零雙軸轉型及發展通路，「信保基金成立已50年，有扎實渾厚的基礎，可以支持中小企業發展與轉型。」

打通任督二脈　信保基金更接地氣

依統計，台灣中小企業家數在2023年突破167.4萬家，創歷年新高，占全體企業達98%以上。信保基金的保證對象，原則上是以資本額1億元以

下或員工人數未滿200人來劃分,其中一個條件達到,就有資格申請;保證方式則分為直接、間接與相對保證。

「以前信保基金都是走在銀行後面,所以大家對信保不認識,我剛接任時還有人問我『這是什麼頭路?你是在賣基金嗎?』」魏明谷笑著說。

其實,隸屬於經濟部的信保基金早在1974年成立,50年來已累計協助超過74萬戶企業取得超過27.27兆融資,包括科技大廠鴻海、宏碁等在營運初期都曾經是信保基金的客戶,連導演魏德聖的《海角七號》、《賽德克・巴萊》等電影,也曾透過信保來解決資金困窘的問題。

不過,信保基金一向隱身幕後,有些企業還以為信保是屬於銀行體系的一部分,魏明谷認為這樣不行,他決心讓「信保走在銀行前面」,不僅要讓企業看得到、找得到、借得到錢,同時還要「接地氣」。

兩年間,魏明谷帶頭到全台各縣市舉辦座談,也積極參與各產(企)業公協會、團體活動,目的是要直接與企業及銀行基層人員面對面,連名片上都特別設計「國家經營信用保證」、「助人為快樂資本」等slogan,就是要打響知名度。

「走出去以後,才知道過去信保的作法,不符合銀行、企業的要求,我們的融資保證附帶了很多條件,讓這些企業不容易借到資金,銀行也抱怨,為什麼連信保都不敢擔保?」魏明谷形容,當時「真的是戴著鋼盔被人家罵」。

董事長秘書室專門委員郭裕信進一步解釋,銀行審核放款的標準為授信5P原則[1],其中擔保放款是以企業提供的有形資產作為抵押,當企業擔保品不夠時,銀行有可能擔心風險不願意融資,因此將企業轉移至信保基金提供保證,分散風險。

而早期信保基金也是用5P原則來考量,比較保守的狀況下,企業來申請貸款保證可能會外加一些條件,但這樣銀行或企業就覺得「卡卡的,不好做」。

---

1 授信5P原則:指借款戶(people)、資金用途(purpose)、還款來源(payment)、債權保障(protection)及授信展望(perspective)。

要接地氣、有感改變，魏明谷因地制宜提升服務品質，信保基金成立高雄分部，也積極規劃成立中部分部，更緊密加強在地策略夥伴關係，讓銀行、企業不用跑到台北接洽業務，也讓人才能夠留在家鄉服務。魏明谷說，「他們都很高興，有些人甚至等了20年才能回鄉。」

■政府各部會及信保基金陸續分別推出不同的補助案及保證案、鼓勵綠色金融授信，確實挹注中小企業低碳轉型的資金活水。（張皓安攝影）

首創無形資產保證融資　厚植產業競爭力

同時，信保基金放寬內部的審查機制，允許同仁審核時可以比銀行多承擔一點風險；另一個則是讓資產和負債還不能充分彰顯公司價值的新創企業，或者是過去財報績效不好、但未來有轉機的企業，也可以透過2024年5月推出的「新創企業暨無形資產融資信用保證措施」取得資金，以厚植台灣產業創新與競爭力。

在風險可控範圍內，盡量不再強制外加條件，且保證的成數提高，也直接影響銀行配合意願，2023年起信保基金在每年頒發績優金融機構的獎項中，增加「綠色授信推動獎」，無形中更鼓勵銀行參與推動淨零轉型政策，因此綠色轉型融資金額逐年增加，累計至2024年12月已有1,230億元，較2021年的207億元倍數成長。

「信保基金可以扮演創新技術跟資金的溝通平台」，包括太陽光電、風力發電、生技等產業，在發展時都具有技術門檻及不確定性，銀行會擔心風險，對融資借款裹足不前，因此信保基金透過直接保證方式，先找幾家銀行合作，再慢慢擴散。

尤其在專業單位協助鑑價下，信保基金的角色愈來愈靈活，如與工研院合作至今，就核准了37家企業、額度逾6億元的無形資產融資，其中，創未來科技股份有限公司以其先進技術獲得1億元保證，創下本國銀行單一無形資產融資最高額度。

借鏡韓國點火新創企業　盼升級成小國發基金

不過，目前台灣信保基金的保證規模不到韓國信保基金KODIT的2%，魏明谷建議，如果想要進一步比照席捲全球的韓流推動文創產業，信保基金規模就要跟韓國並駕齊驅，並放寬限制可直接投資，讓信保基金不用透過金融機構借款給企業。

他說，「以前我們是幫企業跟銀行保證的」，萬一企業真的經營不善倒閉了，還是要償還借款；但採投資方式就不一樣了，企業賺錢就有股東分紅，是類似「小國發基金」的概念，韓國KODIT也有這個概念。

「國發基金做大企業，我們做中小企業」，魏明谷說，「有了錢就可以做更多事」，信保基金規模成長、業務擴大後，就能照顧更多創業者及新興產業，也能一站式統籌辦理如0403花蓮地震等相關紓困專案，對比目前紓困案分散在各部會，信保基金更能以專業提升行政效率及降低民怨。

魏明谷強調，「我們要大膽一點」。大創業時代，形形色色的新創企業陸續崛起，若沒有讓這些人才把握時機發揮，台灣未來會失去國家競爭力，信保基金希望扶植更多新創企業長大，有朝一日也能成為台灣的護國群山。

■信保基金力挺綠能，台灣第一座離岸海氣象觀測塔是由信保直接保證1億元，才順利建置。（信保基金提供）

財團法人中小企業信用保證基金
- **成立時間**：1974年
- **董事長**：魏明谷
- **員工總數**：約330人
- **總　　部**：台北市中正區
- **服務項目**：提供中小企業信用保證

本課重點
- 綠色金融授信
- 扶植中小企業低碳轉型
- 首創無形資產保證融資

認識信保基金

信用保證對象

一、中小企業

依法辦理公司登記或商業登記，實收資本額在新台幣1億元以下，或經常僱用員工數未滿200人之事業。（不含金融及保險業、特殊娛樂業）

二、創業個人

中華民國國民在國內設有戶籍，且為所創或所營中小企業之負責人。

中小企業營運規模
（符合下列之一）

實收資本額	≦新台幣1億元
僱用員工數	<200人

申請信用保證方式

間接保證

中小企業 → 金融機構 → 信保基金

就近向往來的金融機構洽詢及申請

直接保證

中小企業 → 信保基金 → 中小企業 → 金融機構 → 信保基金

直接向信保基金提出申請，經信保基金核准後出具承諾書，再憑承諾書向往來金融機構申請融資

相對保證

中小企業 → 政府機關等合作單位 → 金融機構 → 信保基金

向信保基金合作之機關單位，或其指定之特定審核單位申請

直球對決淨零
會計業促企業植入減排DNA

文◎張　璦

　　淨零已成顯學，減碳不再只是企業加分題，而是必修課，政府也希望透過數位轉型和淨零轉型雙軸力量，協助中小企業升級邁向高階製造。總統賴清德於2025年3月10日接見中華民國會計師公會全國聯合會理監事及省（市）公會代表時，便強調無論是建構企業碳盤查能力，提升企業減碳能力，或是協助企業掌握資訊，都需要會計師的專業支持，才能建立企業完善的內控制度。

　　不過，減碳或是環境風險未能反映於傳統財務報表，仍是個根本性的難題。台北市會計師公會理事長傅文芳以冰山形容，傳統財務報表與會計準則，僅呈現資產、負債等浮在海面上的部分；但碳排放、永續風險等都不是傳統的會計分錄[1]，卻已對訂單收入和資金或借款成本產生實質影響，難以透過財報表達海面下的冰山，到底「有多深」。

　　他進一步舉例，不論是碳費實施前的碳成本估算，或是客戶受市場要求、或當地主管機關規範，需要降低其產品的生命週期排放時，可能會要求供應鏈廠商提供碳排數據，甚至進一步要求廠商須降低製造階段的碳排放。這意味廠商須嘗試管理供應商原物料的隱含碳排放，並積極降低產品製造、使用、廢棄階段的排放。

　　「這就是台灣現在大、中、小型企業正在共同面對，且影響收入、成本和供應鏈的真實場景。」傅文芳說，因此會計師不僅要協助企業在既有商業模式下降低碳排，關鍵在於如何將碳排放植入公司的財務管理。

1　會計分錄：是指企業在進行財務紀錄時，將各項交易以會計科目分類並記錄於會計帳簿中的方式。其目的在於完整記錄交易細節，確保財務資訊的準確性與可追蹤性。

碳排放連結財務管理　範疇三成為大魔王

傅文芳也是現任安永聯合會計師事務所所長，有豐富的審計及國際經驗，他指出，會計師在輔導企業的過程中，實務上常遭遇的困難，是要完整盤查「範疇三」的溫室氣體排放，因為這些排放源並非事業自有或可控制的，比如委外業務、員工通勤與差旅等。而且每一種排放類別的計算方法也有所不同，須配合資料細緻度做動態調整。

以電子製造業為例，傅文芳表示，在計算「採購商品與服務」的類別時，公司可能無法取得所有原物料中每個零組件的碳足跡，這時就可改以支出法（Spend-based method）[2]計算，即以採購金額推估各類採購品項隱含的碳排放。

另外，消費者使用電子產品時所產生的電力間接排放，也須計入公司的範疇三排放中，因此公司必須掌握每一項銷售出去的電子產品的能耗數據，若無法取得相關資料，可能就須改以參考政府單位或其他科學、學術機關所發布的平均每台設備生命週期用電量與預期使用壽命參考值。

由此可知，在範疇三盤查階段，如何蒐集公司內部、外部的相關活動數據資料，且尋求合適可引用的係數，成為公司規劃減碳營運策略的關鍵前置工作。

傅文芳強調，在公司落實減碳營運策略前，建立溫室氣體盤查資料蒐集的流程格外重要，尤其是涉及外部利害關係人，還須考慮企業資源規劃（ERP）系統或數位科技的整合使用，才能完整掌握資料。

■2025年3月10日，總統賴清德（第一排中）接見中華民國會計師公會全國聯合會理監事及省（市）公會代表，盼會計師助企業建立內控制度。（總統府提供）

2　支出法：指所有廠商在購買產品及服務的消費開支，亦即是在生產物品（Producer Goods）上的支出，如廠商買廠房、機器等。

中小企業淨零慢半拍　碳盤查陷困境

台灣以中小型業者占大多數，更是許多國際品牌的關鍵供應鏈，傅文芳觀察，中小企業面對淨零議題，主要面臨缺乏改善動機等五大困境。

首先，需求不足。如果客戶對於環保產品或服務的需求不高，中小企業可能會發現就算投資於節能或減排技術，也難以獲得市場的回應，因此降低公司進行相關投資的動機。第二，價格敏感性。由於客戶可能更關注價格，而非產品的環保屬性，中小企業在提高產品價格以反映其環保投資時，可能會失去市場競爭力。

第三，教育與溝通挑戰。中小企業需要投入額外的資源來教育客戶，讓客戶了解環保措施的重要性，這可能是一個耗時且成本高昂的過程。第四，市場定位困難。在客戶缺乏環保意識的市場中，中小企業可能難以將自己定位為環保領導者，失去差異化機會。

第五，長期投資視角缺失。客戶對環保的短視，可能會影響中小企業的長期投資決策，使企業在面對「先投資、益處長期才會顯現」的環保措施時，陷入猶豫不決。

傅文芳也從台北市會計師公會會員的簽證經驗中，發現中小企業普遍有溫室氣體盤查邊界錯誤、排放源識別不全、計算係數來源不明、無法提供完整佐證資料等四大NG樣態。

他指出，中小企業可能因資源有限而缺乏對溫室氣體盤查範圍的正確了解，導致選取不恰當的盤查邊界，或是未識別出所有排放源，也可能使用不正確的排放因子和計算方法，恐導致某些排放源被遺漏或重複計算，從而導致排放總量的不準確。

■台北市會計師公會理事長傅文芳說，在淨零趨勢下，會計師不僅要協助企業在既有商業模式下降低碳排，關鍵在於如何將碳排放植入公司的財務管理。（張皓安攝影）

傅文芳強調，在計算排放量時使用的係數，應基於可靠與公認的數據或準則，且須倚賴詳細資料支撐，比如能耗紀錄、運輸紀錄等。中小企業若因管理不善或紀錄保留不完整，無法提供對應的佐證文件，將直接影響查證的結果，使得報告的準確性與透明性受損。

台灣中小企業在達成淨零排放之路上雖面臨諸多困局，但透過自身努力和政府支持，這些挑戰仍有克服的機會。

傅文芳建議，首先是政策工具面，政府可進一步提供中小企業的教育和培訓計畫，增進對碳市場、碳足跡量化、碳交易法規和風險管理的理解，例如線上課程、研討會和工作坊。

他認為，政府應建立為中小企業提供的諮詢服務，幫助制定碳減排策略、選擇合適的碳抵換項目，進行市場分析和風險評估，並制定有利於中小企業參與碳交易的政策，比如簡化碳足跡報告流程、提供碳交易平台的使用指南。

傅文芳指出，第二，技術面支援，幫助中小企業採用節能減排技術，協助進行能源效率改進和再生能源的利用，並透過國際合作，引進先進的環保技術和管理經驗；第三，財務援助上，透過低利率貸款、補助金等，降低中小企業進行綠色投資和參與碳市場的經濟壓力。

他也坦言，減碳實踐的困難，在盤查完成後才真正來臨。比如「下游運輸配送」，雖希望以汰換為電動車或油電混合車為優先，但就現行產品碳足跡資訊普遍度尚不足，企業將難以評估成本投入後可得的減碳效益。

同時，除現階段負碳技術應用尚未成熟，僅能納入長遠規劃；再生能源使用上，目前較難協助客戶進行財務評估，主因為未來灰電[3]、綠電價格不明朗，只能以國際報告推估，可能與現實相去甚遠。

碳排放負債與碳權資產　會計認列大哉問

碳排放負債與碳權資產的會計處理，也是企業財務管理的重中之重，傅文

3　灰電：指一般常見的化石能源，比如像燃煤、天然氣等所發的電，相對像風能、太陽能、生質能等符合《再生能源發展條例》規範所發的電稱為綠電。

芳指出，其關鍵在於如何正確認列、衡量並對外揭露，因為正確的會計處理不僅影響財務報表的準確性，也關係到企業的永續發展策略與其風險管理。

談及有關碳排放負債的會計處理，傅文芳表示，當實際產生碳排放時，碳排放負債應以清償義務所需支出的最佳估計數進行衡量，將根據國際會計準則（IAS）第37號「負債準備、或有負債及或有資產」，認列負債。

至於有關碳權資產的會計處理，傅文芳指出，這確實是相當複雜的議題，目前國際間尚須依據碳管制法規、架構或協議進行不同類別的區分，可能分為金融資產、存貨或是無形資產。

臺灣碳權交易所是採自願性機制的碳定價工具，也就是以碳信用抵換額度或減量額度（俗稱碳權），讓企業達成自願性碳中和，或讓管制對象達到減量目標。

傅文芳表示，因此，以欲達成自願性碳中和，或管制對象達到減量目標等這類使用目的而言，將適用國際會計準則第38號「無形資產」的規定，且會計上還必須再評估持有碳權的耐用年限是否屬於有限或非確定期限，以及碳權的取得有無透過政府補助等，進一步展開認列、衡量的判斷和調整。

增強會計師減碳專業　公會成立永續委員會

談及台北市會計師公會如何幫助會員增強減碳專業，傅文芳表示，2023年公會辦理永續相關課程，參與者達704人次、受訓總時數達2,112小時，其中直接與減碳專業的課程方面，包含溫室氣體盤查與ISAE 3410確信準則、國內外氣候法制、全球淨零趨勢和氣候相關財務揭露（TCFD）等，都是增進企業營運韌性所須具備的專業。

傅文芳強調，他在公會成立永續發展委員會的目的，就是希望協助會員在永續會計議題的浪潮下，逐步構建相關知識，提供客戶符合永續規範的會計服務，並成為企業與主管機關、利害關係人的溝通橋梁，避免落入漂綠陷阱，輸在淨零賽局的起跑點。

溫室氣體盤查範疇

排放源定義　　ISO 14064-1:2018 溫室氣體盤查標準

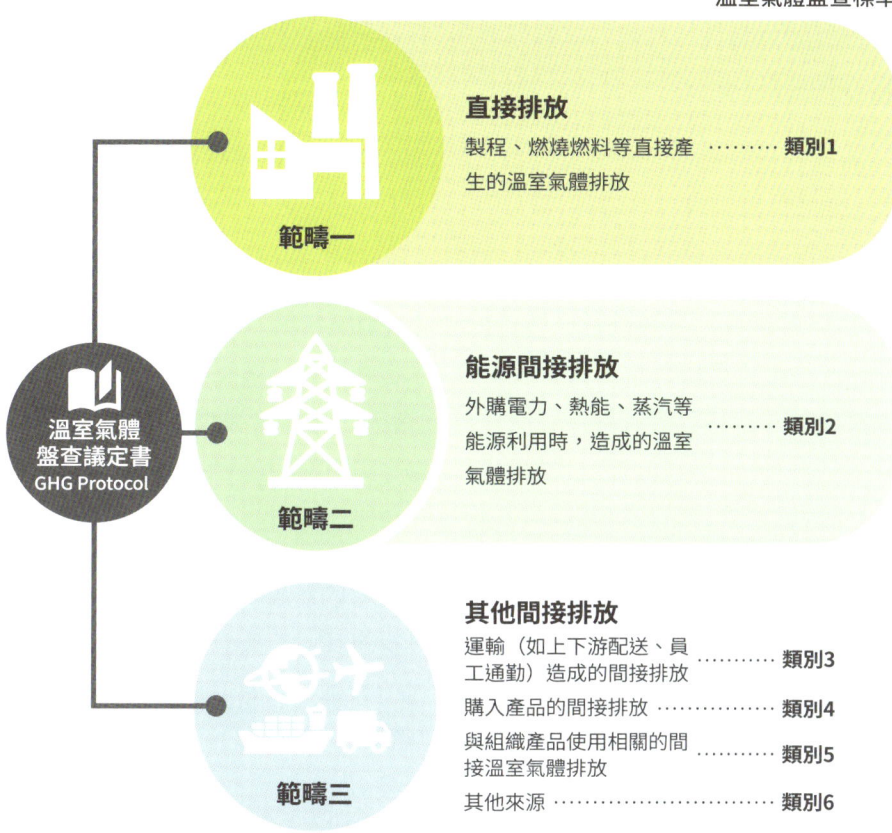

溫室氣體盤查議定書 GHG Protocol

範疇一
直接排放
製程、燃燒燃料等直接產生的溫室氣體排放 ……… **類別1**

範疇二
能源間接排放
外購電力、熱能、蒸汽等能源利用時，造成的溫室氣體排放 ……… **類別2**

範疇三
其他間接排放
運輸（如上下游配送、員工通勤）造成的間接排放 ……… **類別3**
購入產品的間接排放 ……… **類別4**
與組織產品使用相關的間接溫室氣體排放 ……… **類別5**
其他來源 ……… **類別6**

資料來源：環境部

社團法人台北市會計師公會
- 成立時間：1967年
- 理事長：傅文芳
- 總　　部：台北市中正區
- 服務項目：綜理會計師相關行政事務

本課重點
- 碳排放負債
- 碳權資產
- 會計認列

輯二　掌握綠色轉型助力

永續長路一起走不孤單
玉山金與企業攜手同行

文 ◎ 羅元駿

2024年10月18日第四屆「玉山ESG永續倡議行動」，於玉山銀行位於新北市的希望園區舉行，現場冠蓋雲集，包括副總統蕭美琴、行政院副院長鄭麗君、金融監督管理委員會主委彭金隆、環境部長彭啓明均出席盛會，見證160多家國內外企業共同立下實踐淨零轉型的永續目標。

「這是一個最好的時代，也是一個最壞的時代。」玉山金控董事長黃男州開場時引述《雙城記》，他指出，日益嚴峻的氣候變遷及生物多樣性喪失，使未來道路充滿挑戰；永續發展是一條漫長、持久但不孤單的道路。他對參與倡議的夥伴承諾，「要發揮金融的影響力，利用投融資來支持更多的顧客，做ESG的投資或是節能減碳的作為。」

在永續淨零路上要幫助別人，先得從自己做起。玉山金從2007年公布「環保節能白皮書」後，就積極投入環境永續議題，2015年簽署赤道原則[1]；2014年成為台灣金控第一家導入能源管理系統及ISO 14064溫室氣體盤查的業者；2017年玉山銀行成為金融界首批發行綠色債券[2]的金融機構；2018年玉山科技大樓及希望大樓機房取得綠建築LEED黃金級國際認證，並規劃在2027年前將全台的自有大樓都改建成綠建築；2022年投融資業務均導入內部碳定價機制。

---

1 赤道原則（The Equator Principles）：為赤道原則協會（The Equator Principles Association）2003年所發布，為大型國際金融機構所採行的風險管理架構，用以決定、衡量及管理專案融資對環境與社會產生之風險，屬自願性簽署遵循之金融業準則。
2 綠色債券（Green Bond）：指債券所募集的資金全部用於綠色投資計畫。發行人所發行的債券，依據證券櫃檯買賣中心《永續發展債券作業要點》規定，取得綠色債券資格認可，並申請債券為櫃檯買賣，即為綠色債券。

■玉山銀行自2014年開始啟動「玉山瓦拉米計畫」，推動花蓮南安部落轉型有機農法及地方創生。左3為玉山金控董事長黃男州。（玉山銀行提供）

推企業永續一把　用金融的錢改變明天的地球

這家1992年創立的年輕銀行投入環境永續領域的成果頻獲肯定，也是台灣首家金控設立永續長的金融業，黃男州表示，「一個好的ESG策略，就是一個好的銀行發展策略。」且歐盟於2024年7月25日正式通過《企業永續盡職調查義務指令》（CSDDD）[3]，自2027年開始，企業的ESG、淨零目標及行動計畫不能只是空有承諾，金融業者在產業轉型的角色愈來愈重要。

永續正一步步對所有產業帶來實質性影響。「過去投資決策看財報，現在更多要看永續報告書，並檢視企業是否有重大負面新聞，未來甚至年報都會有專章揭露與永續相關的財務資訊，投資人針對永續資訊的要求只會愈細愈廣。」玉山金永續長張綸宇說。

3　《企業永續盡職調查義務指令》：歐盟 2024 年 7 月 5 日公布 Corporate Sustainability Due Diligence Directive（CSDDD），強制要求大型企業在其全球供應鏈中實行盡職調查，以辨識、預防、減緩環境與人權相關的風險與影響。

■玉山金永續長張綸宇說，金融業就像是家醫科，中小企業除了需要資金，也需要有人告訴他該怎麼做。（鄭清元攝影）

金融業本身不是碳排大戶，其減碳最大挑戰來自財務碳排。張綸宇解釋，玉山金2023年溫室氣體排放量共542萬噸，其中僅2萬多噸來自範疇一和範疇二，剩餘98%是來自範疇三，當銀行借錢給企業或投資時，這些貸款客戶的碳排量都算到銀行身上，而這也是金融產業碳排來源的特性。

他指出，以往企業貸款案件都是以授信5P原則來管控風險，不過，全球極端氣候變遷，為企業經營環境帶來莫大衝擊，玉山金也在授信流程中加入ESG評量表，評量內容包含揭露碳排、重大社會性議題如汙染、童工、砍伐森林等議題，以及考慮極端氣候下可能產生的影響。

面對挑戰，數位轉型成為關鍵解決方案。張綸宇認為，這些新工具對金融業帶來了顯著的變革，能夠提供更高效、更智慧的營運方式。因此，玉山銀積極引入先進的數位技術，來提升其風險管理能力和業務效率。例如，AI系統可以迅速分析大量的客戶數據，挖掘出隱藏的風險信號，並為決策者提供有力的建議，幫助識別潛在風險並制定相應的應對策略。

玉山金控是坐擁最多中小企業客戶的台灣民營金融業，自2021年玉山銀與裕民航運全資子公司裕民航運新加坡公司簽訂第一筆4,475萬美元的

永續連結貸款[4]，至今推動超過250件，2023年底累積餘額達新台幣600億元。

中小企業轉型霧煞煞　玉山金揪團提燈引路

值得注意的是，玉山金幫助中小企業進行淨零轉型並不是全從授信業務出發，像某位中小企業董事長原來是玉山銀私人銀行會員，在該公司面對其供應鏈提出的ESG目標時，玉山銀就安排永續團隊和董事長接洽，共同討論對策。

■玉山銀行2024年10月舉辦「玉山ESG永續倡議行動」，號召超過160家來自國內外的優質企業及醫療院所加入倡議，共同立下實踐淨零轉型的永續目標。（玉山銀行提供）

4　永續連結貸款：永續績效連結授信（SSLs）泛指任何型態之貸款（loan instruments）及（或）其他或發債、保證、信用狀等約定額度（contingent facilities），並依貸款戶（borrowers）是否達成遠大企圖心（ambitious）、實質重大（material）和可量化（quantifiable）的預定永續績效目標（Sustainability Performance Targets，SPTs）。

當時，玉山銀建議該企業先成立專責的永續小組，從導入能源管理系統、推行碳盤查和永續報告書三大方向展開工作，同時安排不同專家與該企業進行實地會晤、提供指導，幫助建立內部團隊，遴選適合的外部顧問。後來順利滿足供應鏈的永續要求，並提升企業的管理效率和市場競爭力。

從這個案例可以看出，玉山金業務不是單兵作戰而是打團體戰，在必要時提供更專業的諮詢，但面對一波波的永續議題，他們碰到企業最常問的就是「第一步要幹嘛、資源在哪」？

因此玉山金除整理研究國內外龍頭企業的永續作法，提供客戶借鏡外，2023年進一步成立永續轉型平台，提供包含資訊、能源管理、綠色製造、再生能源、企業資源規劃（ERP）數位化、數位轉型、第三方認證、永續報告資訊揭露、供應鏈管理等服務，透過議合與顧問服務帶領企業轉型，至今已與21家業者合作。

金融業像是家醫科　幫助企業對症下藥

但萬一輔導的企業達不到設定的淨零目標呢？張綸宇說，這時不是把借出去的錢撤回，而是要真正幫助企業發現問題、找資源。如A公司是玉山金密切往來的企業，因其占營收高達7成的客戶要求，4年內要達到RE100（100%再生能源），陷入焦慮的企業當時立刻找玉山銀專業協助。

玉山銀分析了A公司從節能、創能及儲能的現況和痛點，優先找出碳排和能耗熱點，汰換設備，卻又碰到該公司的屋頂已早早出租給售電業鋪設太陽能板，沒有餘地再設置綠能設備，加上中小企業用電量不足以和大型電廠簽訂購電協議（CPPA）[5]，要提高綠電比例，只能以購買綠電憑證解決。

問題是中小企業資金少、成本有限，因此平台也引薦A公司能源物聯網專家顧問，透過AI分析公司用電紀錄，算出最適綠電購買量與匹配度，並建置適當的儲能櫃作為電力調節，評估可有效將RE提升到85至90，讓綠電憑證購買量大幅下降。

5　購電協議（Corporate Power Purchase Agreement, CPPA）：為「企業能源採購協議」，指開發商的購售電合約除了與台灣電力公司簽約外（PPA），也能轉向與一般企業直接簽訂購售電合約。

■玉山金控第二總部大樓為綠建築。（玉山銀行提供）

　　以A公司而言，一年用電2,000萬度，試算購買同額的綠電並透過AI技術，將RE49提升至RE90，可節省4成的綠電購買，不僅減緩企業壓力，也達到了供應鏈的要求。

　　「金融業就像是家醫科，中小企業除了需要資金，也需要有人告訴他該怎麼做。」張綸宇總結，金融業和一般產業不同，投融資能將資金的力量協助企業生產、提供服務；如果只是因為客戶屬性是高碳排就抽銀根，將產生更不好的影響。轉型金融應該是幫助企業減碳，再來做到淨零，銀行在投融資後持續成為企業的陪跑者，這就是金融業資金對永續發展帶來的正面效果。

玉山金融控股股份有限公司
- **成立時間**：2002年
- **董 事 長**：黃男州
- **員工總數**：9,000人
- **總　　部**：台北市松山區
- **服務項目**：金融服務相關業務

本課重點
- 轉型金融
- 綠色授信
- 企業永續陪跑者

探索能源低碳技術

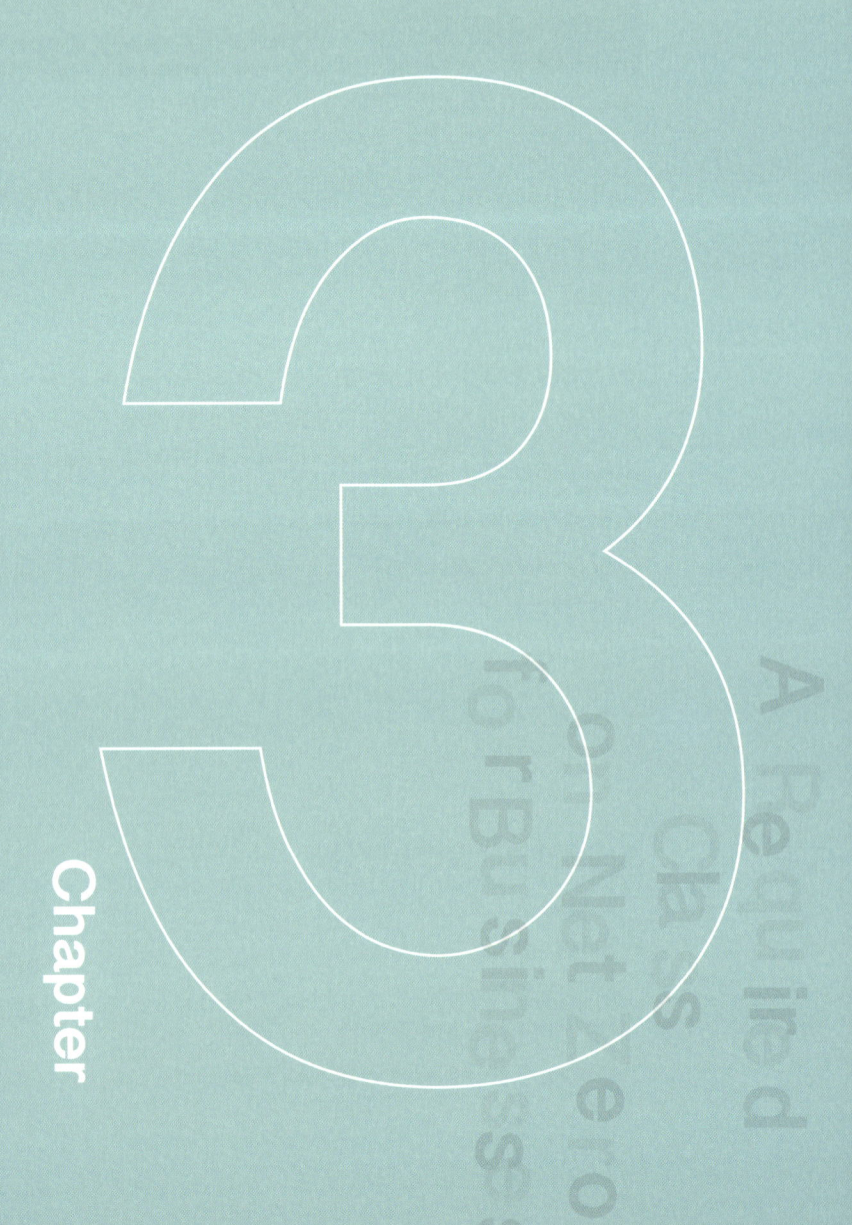

Chapter 3

本輯透過案例分析，聚焦國內外能源與低碳技術的推動現況，探討多種技術方案的開發與應用實務，旨在加速低碳轉型進程，提升達成淨零目標的可能性。內容涵蓋地熱、海洋能、碳捕捉與封存（CCS）、廢棄物發電等新興與成熟技術的發展與應用，這些方案在國內外均積極推進，期望共同助力全球減碳目標的實現。整體而言，本輯不僅呈現台灣在多元能源與低碳技術發展上的努力與挑戰，也提供企業在淨零轉型趨勢下的策略視角，協助其發掘機會、前瞻布局，進一步提升產業的綠色競爭力。

導讀／劉哲良（中華經濟研究院能源與環境研究中心主任）

挑戰變質岩與深層地熱探勘
台灣地熱發電新篇章

文 ◎ 蔡素蓉、鍾榮峰

企業的淨零必修課

　　2024年12月26日，天氣陰雨連綿，宜蘭太平山頭山嵐環繞，歷經九彎十八拐的山路之後，天地間突然變得巨大開闊。往天狗溪河床便道終點望去，矗立一座冒著白色噴騰熱氣的地熱鑽井架，鑽井平台上是穿著黃色制服的台灣中油公司鑽井工程隊員，在另一頭河階台地上則是正在趕工興建中的土場地熱發電廠。

　　這幾年，宜花東及新北市大屯火山一帶，都看得到國營事業及民營業者探勘鑽鑿地熱探勘井或建置地熱發電裝置的身影。

　　台灣位於環太平洋火山帶，菲律賓板塊與歐亞大陸板塊交接碰撞擠壓，本就擁有極好的地熱資源。早在1981年，國家科學委員會（今國家科學及技術委員會）與台灣中油公司、台灣電力公司合作在宜蘭清水建立3千瓩（MW）的地熱發電廠，是全台第一座地熱發電廠。然而，之後因管線鏽蝕與結垢問題，發電量逐年下滑，1993年終止營運，台灣地熱發電議題就此沉寂了好長一段時間。

2050淨零趨勢　台灣再掀地熱探勘熱潮

　　台灣重啟地熱探勘與發電熱潮，乃為因應全球席捲而來的淨零風潮。政府由經濟部帶頭於2018年1月成立地熱發電國家隊，整合產官學研資源和專業，由中油負責地熱鑽井、台電開發電廠營運，選定宜蘭縣大同鄉的仁澤地區作為地熱開發標的。

　　仁澤發電廠裝置容量僅0.84MW，發電容量並不大，但國家隊最主要任務是逐步探索如何降低地熱探勘與發電的門檻，因為地熱高潛能區多位於

■2024年12月26日,台灣中油土場20號鑽井現場。(鄭清元攝影)

國有非公用土地、國有林地及特定農業區,在土地取得、進行鑽井或興建設施方面,受到層層條文限制。

以推動仁澤地熱探勘、興建發電廠為試金石,從2018年開始,政府陸續鬆綁許多面向的限制,在推動面,經濟部成立地熱推動小組,地熱發電成立單一窗口[1];在法制面,2023年5月《再生能源發展條例》增設「地熱專章」三讀通過,精進地熱發電設置程序;在經濟面,躉購費率保證收購20年,並祭出《地熱能發電系統示範獎勵辦法》;在資源面,則由經濟部地質調查及礦物管理中心成立地熱探勘資訊平台;在技術面,標舉由國營事業帶領開發,未來則希望國際合作深層地熱技術。

政府公布的「2050淨零排放路徑」,規劃2050年總電力配比中,再生能源占比須達60%至70%。其中,地熱能源因獨特的穩定性與低碳排放

---

[1] 以往申請地熱能探勘或開發,必須依《溫泉法》、《水利法》、《都市計畫法》、《區域計畫法》、《森林法》、《國家公園法》、《地質法》、《災害防救法》、《水土保持法》等相關規定辦理,申請流程曠日耗時。2022年6月27日,經濟部成立「地熱發電單一服務窗口」,積極輔導業者及地方政府善用中央政府資源,分攤探勘風險,協調建立地熱開發適宜的行政程序,加速推廣設置地熱發電設備。

特性,與海洋能、生質能並列為前瞻能源,三者總目標為8至14百萬瓩(GW)。

在政策引導與輔助獎勵誘因之下,一度走入歷史的清水地熱電廠也重新建立示範機組,於2021年底正式啟用。

挑戰東部變質岩　硬度磨蝕性俱強

新一波的地熱探勘地點多集中在東部地熱高潛能區;而在東部鑽探地熱,必須直面變質岩的挑戰。

中油1976年就曾在宜蘭土場等地探勘地熱能。這一波捲土重來,於2020年2月開鑽土場14號地熱探井,至2024年底已鑽鑿至土場第20號井。

「水平的頁岩和砂岩等沉積岩層受板塊作用,深埋至地底約8公里處,受到高溫及高壓而變質,而後因造山運動擠壓抬升,最終以陡峭角度或波浪狀複褶皺等構造出露於地表。」中油土場鑽井現場駐井地質師李時全說明土場變質岩的成因與外貌。

■2024年12月26日,台灣中油探採事業部執行長湯守立(第二排左4)視察慰問土場鑽井隊。(鄭清元攝影)

那麼，與變質岩打交道時，會遇到什麼樣的困難？「可以想像成，當我們在鑽探沉積岩時，是在一疊紙上垂直鑽孔，很容易預測什麼時候鑽到哪一張紙；但在變質岩中時，就像是先把這疊紙揉爛，這樣一來，其岩性的分布便變得難以預測，讓鑽井工程產生更多的不確性。」中油土場鑽井工程隊長王信文說明，變質岩層因受熱、受壓再結晶等作用提升其硬度與磨蝕性，因此，必須使用更耐磨、更耐高溫的鑽頭及管件，如今被磨損的鑽頭已不計其數。

■東部變質岩極為堅硬與不可預測，土場鑽井隊已磨耗掉許多鑽頭。（鄭清元攝影）

探勘結果顯示，土場地熱區具備高溫、水量大且可長期供應熱水。因此，中油自2021年5月起執行發電廠建置工作，基址位於天狗溪噴泉南方300公尺的河階地，裝置容量5.4MW，預估每年可發電2,570萬度，若以每一度電可取代燃氣電廠的碳排放量計算，每年可減少碳排量約1萬3,000公噸。

不過，這段期間遭遇COVID-19疫情導致全球性缺工缺料、多個颱風強風豪雨沖毀河床便道等多重因素影響，土場地熱發電廠預計延至2025年才能完工啟用。

除挑戰東部變質岩之外，現更計劃挑戰開發深層地熱潛能，以及開發大屯火山區酸性熱液潛能。

首座深層地熱探勘井　綠能產業新希望

2024年10月21日，員山一號井開鑽典禮於宜蘭縣員山鄉舉行。這座地熱探井為中央研究院與台灣中油合作鑽探，鑽井目標4,000公尺深，號稱全台灣首座深層地熱探勘井[2]。

2　根據估計，台灣地熱潛能約在30至40GW間，淺層地熱資源將近1GW，其餘是深度超過3公里的地熱，而後者的開發風險比淺層更高，且需要更前瞻的技術，例如「增強型地熱系統（Enhanced geothermal systems, EGS）」以鑽井注入高壓水產生裂隙形成熱能儲集層，再取熱發電。

■ 全台首座深層地熱探勘井——宜蘭員山一號井預定鑽井深度4,000公尺。(鄭清元攝影)

中研院院長廖俊智出席開鑽典禮時表示,「根據地熱潛能評估,台灣淺層地熱近1GW,深層地熱潛能高達40GW。過去開發深層地熱,主要受限於探勘和鑽井技術,難以定位熱源。」

此次,中研院在熱源探尋上與中油合作之外,並網羅全台灣地質及鑽井工程專家,應用大地電磁、反射震測及震波成像法等探勘技術,建立地下熱源3D模型,耗時兩年,定位出地熱能源儲集位置。

然而,員山一號井鑽井工程所面對的變質岩挑戰更大。

至2024年底鑽井時,遭遇破碎的礫石層,其中大部分為變質砂岩,內含較多石英成分,這些變質岩包含雪山山脈綿延而來的四稜砂岩岩層,「質地很堅硬,對鑽頭的磨耗率非常高,目前已磨耗5至7顆鑽頭了。」中油員山一號地熱探勘井鑽井工程隊長楊昀叡表示。接著鑽探到375公尺深時,遭遇四稜砂岩岩層,對鑽頭、管串耗損更高。至於到2,500公尺深之後,基本上屬於以往從未鑽探到的深度,將面臨更嚴峻未知的挑戰。

「四稜砂岩是由變質石英砂岩所組成,石英礦物顆粒彼此相嵌且剛硬,強度非常高,石英在莫氏硬度表中居第7級,只能利用第10級的金剛石,也就是鑽石,才有辦法鑽探。」台灣中油探採事業部執行長湯守立受訪時

深入淺出地說明,「為突破那一層變質石英岩,我們特別訂製一批人造鑽石鑽頭,等到鑽遇四稜砂岩時,就可以上陣了。」

為因應員山附近特殊地質條件,中油從義大利進口一台號稱全台灣鑽深能力最強的DE-60-3 鑽機,「這台鑽機基本上是6,000米等級,相當2,000匹馬力,最大的承載載重約450噸,配備5台發電機,所以員山一號井的井架高達53公尺高。」楊昀叡說明。

員山一號井不僅是一座探勘井,同時也承載了台灣發展綠能產業的新希望。接下來在鑽探過程中,有望獲取更多地質與地下熱分布的資訊,進一步了解宜蘭地區地下熱源的動態,有助於深層地熱的實際開發。未來若確定有開發價值後,就會開始建置地熱發電廠,期盼能把此成功經驗複製至其他地區。

火山型地熱資源　地方政府搶進開發

火山型地熱資源也是新一波地熱發電熱潮想攻克的目標。經濟部能源署資料顯示,大屯山擁有500MW的地熱發電潛能。

中油曾於1982年、1985年於馬槽地區鑽鑿過探勘井,但大多遭遇強酸性的地熱水及熱蒸汽,對鑽井管材、生產設備及管線造成極大的腐蝕問題。

這波火山地熱發電熱潮,改由地方政府主動出擊。

新北市政府攜手將捷集團開發大屯山的火山型地熱潛能,引進國際最新工法,採用汽冷式ORC發電機組,成功克服管線腐蝕問題。金山區四磺子坪地熱發電廠2023年底商轉啟用,標榜是全台灣第一座火山型地熱發電,發電容量為1MW,每年發電量約640萬度電,預計可提供1,500戶四口家庭全年用電。

新北市府也與經濟部能源署、財政部國有財產署、工業技術研究院等單位合作推動「金山硫磺子坪地熱示範區」,公開招商引進將捷集團旗下的結元能源公司進行開發,採用抗酸性設備興建地熱電廠,開發容量為4MW,預定2025年商轉發電量達2,560萬度電以上,可供應6,392戶四口家庭全年用電。

火山型地熱開發炙手可熱，台電2024年10月也宣布，初期投入新台幣2億元研發經費，攜手國內外5家公司合作探勘北部大屯山區地熱。

大屯山地熱區地熱發電潛能豐沛，內政部已預告修正《國家公園法》，一般管制區或遊憩區內，經國家公園管理處許可，得進行溫泉或水資源之利用，含地熱能及再生能源發電，預估2025年正式公告實施。

2025地熱元年　地熱綠電廠區可期

目前，不少集團或業者也把地熱能列為綠能布局標的，甚或考慮未來在廠區引進地熱供電。積極布局多元再生能源的鴻海集團環保長洪榮聰就指出，地熱發電能夠提供穩定的基礎負載電力，對於需要穩定電力的製造設施來說，具有吸引力。

他說，鴻海集團對地熱能抱持開放態度，特別是在資源豐富的地區，例如台灣、冰島等。鴻海持續與探勘及研究機構保持密切聯繫，若技術與成本達標，未來可在地熱充足地區，逐步導入地熱能直接供電。

■2024年12月26日的土場地熱發電廠，預定2025年商轉。（鄭清元攝影）

正如政府宣示「二次能源轉型」，開發多元綠能，強化國家能源自主，新一波的地熱探勘與開發熱潮全面席捲而來，除了政府帶頭，產學研跨界合作外，還得有源源不絕的資金挹注、創新技術，並與國際合作，方能克服地熱從探勘到開發的重重挑戰，真正拓展出可資利用、永續的綠色能源。

近年來台灣地熱發電廠設置一覽表

	地熱發電廠	裝置容量	商轉時間	地點	特色
1	清水	4.95 MW	2021年11月	宜蘭縣	1981年建立，為全台首座地熱發電廠，1993終止營運，2021年宜蘭縣府招商重啟
2	全陽金崙	0.5MW	2022年11月	台東縣太麻里鄉	由李長榮化工子公司全陽開發
3	仁澤	0.84MW	2023年10月	宜蘭縣	中油、台電組國家隊攜手開發
4	四磺子坪（大屯山地熱區）	1MW	2023年底	新北市金山區	新北市府招商，全台灣首座火山型地熱發電廠
5	硫磺子坪（大屯山地熱區）	4MW	預定2025年	新北市金山區	新北市府攜手經濟部、財政部，招商引進業者開發
6	土場	5.4MW	預定2025年	宜蘭縣	台灣中油探勘且獨立開發電廠
7	台泥紅葉谷	1MW	預定2025年	台東縣延平鄉	台灣水泥集團轄下台泥綠能公司與雲朗觀光集團共同投資開發

資料來源：經濟部能源署「台灣地熱發電資訊」（發布於2024.12.03）

加州地熱發電夯
新創公司新技術活化舊設施

文 ◎ 張欣瑜

2024年12月，美國北加州山巒透著涼意，一項創新的「閉環式（closed-loop）地熱技術」[1]在「間歇泉」（The Geysers）展開測試。工作人員將「同軸熱交換器」（DBHX）模型安裝至閒置地熱井內，循環其中的工作流體會吸收地熱，並將熱能輸送至地面。

這是位於加州胡桃溪（Walnut Creek）地熱公司GreenFire Energy的核心技術。

新創公司帶頭衝　地熱開發技術突破

地熱開發從評估到運行，通常需要多年時間。過去，許多國家仰賴「傳統地熱系統」（Conventional Geothermal Systems, CGS）發電，但得同時滿足高溫、地下水、高滲透率地熱儲層等條件。

直至近年，「增強型地熱系統」（Enhanced Geothermal Systems, EGS）和「先進型地熱系統」（Advanced Geothermal Systems, AGS）技術興起，在美國創新火車頭驅動下，全球地熱開發技術出現突破。

「增強型地熱系統」需要向地下高溫乾熱岩層注入高壓水，製造或擴展裂隙形成熱交換環路，適用於天然或人工裂隙豐富的地區；「先進型地熱系統」採用封閉循環技術，完全獨立於地下水系統，可應用於枯竭井、低效井或新的地熱場域。

1　閉環式（closed-loop）地熱技術是用一套「密封的管路」系統，讓水在管子裡循環，吸收地下岩層的熱量，然後把熱水帶回地面的技術。

■卡爾派電業為美國主要地熱發電公司，在加州間歇泉經營13座發電廠。（Calpine提供）

先進型地熱系統有亮點　間歇泉率先測試

GreenFire Energy與Fervo Energy、Sage Geosystems等新創公司被譽為地熱界明星，技術分別被應用在不同環境、條件的地熱開發區。其中GreenFire Energy採用「先進型地熱系統」，最大亮點是能夠應用在產能不如以往的油氣井，從中獲取更多能源。

GreenFire Energy原本採用閉環式U型管設計，漸漸地無法滿足部分地熱資源開發需求，於是設計出「同軸井下熱交換器」，實現更大的熱交換面積及控制流體溫度梯度，擴大應用範圍。

在加州能源委員會（California Energy Commission）補助下，GreenFire Energy與美國主要地熱發電公司卡爾派電業（Calpine Corporation）合作，選在世界最大地熱田間歇泉測試新技術。

GreenFire Energy總裁克蘭納（Rob Klenner）興奮表示，公司現正「邁向一個重大里程碑，在一個實際具商業規模的地熱儲層實現先進地熱技術」。這是個讓外界了解創新技術如何加速地熱開發的重要機會。

克蘭納希望透過新技術，讓間歇泉蒸汽產量最大化，突破地熱儲層水量受限問題。

自1960年開始，加州間歇泉便展開商用地熱發電。據美國地質調查所（USGS）描述，早期探險家在此觀察到蒸氣等地理現象，因此命名為「間歇泉」。卡爾派電業在間歇泉經營13座發電廠，淨發電量約725千瓩（MW），足以為72.5萬戶家庭或像是舊金山的大城市供電。

「沒有誰想成為第一個嘗試新技術的人。」談到公司挑戰，克蘭納說，目前最重要的是讓外界看見技術成效，「進行技術示範後，尋找規模經濟，以便能用快速且符合成本效益的方式複製這項地熱技術，擴展到不同地區。」

政府助拳　地熱技術邁向國際

根據國際再生能源總署（IRENA）的報告，到2050年，全球約有86%的電力將來自可再生能源，並且地熱能和儲能技術的發展將在全球能源轉型中扮演重要角色。

認識地熱發電技術

傳統型地熱 CGS

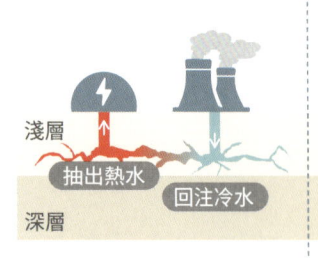

透過鑽井將高溫、高壓地下水及蒸汽取出分離後，以蒸汽推動渦輪機發電，再將冷卻後的蒸汽循環使用，剩餘的熱水則回注地底。

增強型地熱 EGS

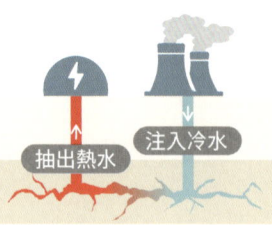

透過人工製造地底的儲水層，以管線抽取注入後被加熱的高壓熱水，使用蒸汽進行發電，發電完會再將尾水回注儲水層完成循環。

先進型地熱 AGS

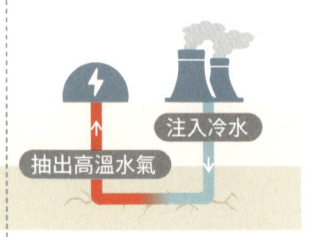

透過封閉式管線，以取熱不取水的方式，將工作流體於注入端的井口送入地底取得熱源後，再由生產端的井口產出以進行發電。

資料來源：工業技術研究院

■2023年，GreenFire Energy與中油簽署MOU在台灣開發地熱。台灣泰京公司總經理劉繼業（左起）、GreenFire Energy區域經理葛拉（Glenn U. Golla）、台灣中油探採事業部副執行長范振暉、中油副總經理張敏。（GreenFire Energy提供）

加州是美國人口最多的州、全球第五大經濟體，為達成零碳排目標，承諾在2045年前實現100%使用清潔能源供電，為此加州需要額外建置14萬8,000 MW的再生能源。

根據加州公共事業委員會（CPUC）於2019年設立的目標，地熱產業必須在2030年前提供2,900 MW電力給電網。

GreenFire Energy發展地熱技術10多年來，政府扮演關鍵的推手。加州能源委員會在2017至2018年撥款148萬美元（約新台幣4,815萬元），供GreenFire Energy 2019年在加州科索（Coso）地熱田首度實地示範閉環式地熱技術；2022年，政府再撥款270萬美元補助GreenFire Energy在間歇泉地熱田的示範計畫。

GreenFire Energy同時將觸角伸向國際，與全球地熱開發商進行策略合作，導入技術活化設施。2023年，肯亞發電公司（KenGen）在大型地熱綜合設施Olkaria地區採用GreenFire Energy技術。2024年，在美國貿易發展署（USTDA）補助下，GreenFire Energy與菲律賓主要地熱開發公司EDC（Energy Development Corporation）合作，提升閒置地熱井的蒸汽產量。

與中油台電合作　台灣地熱開發試水溫

GreenFire Energy近年來陸續與台灣中油簽署合作備忘錄、與台電及國際地熱開發商台灣倍速羅得公司（Baseload Power Taiwan）簽署合作意向書，共同開發台灣地熱能。

克蘭納解釋，與台灣的合作案尚在可行性評估及規劃階段，「我們現階段的重點是了解如何制定開發時程、對地下資源及如何開發資源進行初步評估，衡量部署這項技術能獲取多少地熱；接下來會開始評估、模擬經濟規模。」

長久以來，地熱開發的隱憂多半圍繞在「地震誘發」、「地層下陷」、「廢水處理」、「成本高」、「土地使用」等問題，台灣也不例外。

台灣位處環太平洋火山帶，與加州同樣坐擁豐富的地熱資源，不過受到地質結構複雜、探勘成本高、法規流程繁瑣、居民憂心生態及水源等因素影響，地熱開發並不順利。

克蘭納說，「這些地熱資源可能無法再以傳統技術獲得，同時需要降低地熱開發對環境影響」，至於閉環式新技術具備了降低對地質和水資源影響、減輕地震風險的特性，被台灣合作夥伴視為開發特定地區地熱能及提供電力的絕佳機會。

地熱無所不在　技術創新腳步不能停

近年來GreenFire Energy技術也延伸至需要穩定供電的軍事基地和資料中心。「我們也在發展一些『用戶端自發自用』（behind the meter）的項目，也就是直接在建築物附近開發地熱能源」，克蘭納看好技術被應用於不同市場。

他進一步舉例，GreenFire Energy正在加州一處軍事基地鑽井開發，目標是要探索美國政府在各軍事基地如何實現地熱穩定供電，「這樣即使外部電力供應中斷，基地也能擁有自己的電力設施。」

相較於風能和太陽能等再生能源，地熱無論在何種天候或時間都能穩定輸出，而且占地面積小，可在建築物旁直接打造發電設施，加上新技

術克服地下水、裂隙等限制，美國喊出「地熱無所不在」（Geothermal Everywhere）的口號。

「美國政府在世界各地和亞太地區都有軍事基地，我們可以在那裡複製這個專案，我認為這也會為其他各國政府打開大門。」克蘭納認為，台灣蘊藏豐富地熱資源，發展地熱不僅可促進能源發展，也能為國家帶來能源安全保障。

為擺脫電網的不穩定性，GreenFire Energy也瞄準其他潛力市場，比如偏遠社區，及高能耗的工業設施、半導體製造設施。不少廠商希望在設施旁邊直接開發地熱能源，減少對電網依賴，確保能源供應的穩定性，還可以實現減碳目標。

從技術創新走向規模應用，克蘭納期盼地熱盡速讓電力上線，他矢言，「在接下來4至5年，經由參與發展或自有經營項目，實現100MW的地熱發電組合。」

同時，創新並不會就此停下腳步，「我們也願意嘗試其他技術；地熱發展並沒有哪項技術一定最好，取決於資源開發地點及地下結構狀況；不同技術都有發揮的機會。」

四面環海坐擁金山
台灣發展海洋能的機會與挑戰

文 ◎ 林孟汝

在台灣2050淨零路徑圖的規畫中，再生能源將是電力主角，除已發展日趨成熟的太陽光電、離岸風電外，因海洋能發電過程不會造成空汙與排放二氧化碳，且具「24小時源源不絕發電的優勢」，四面環海的台灣「如坐擁金山」，民間業者前仆後繼搶進插旗藍海，但仍面臨諸多挑戰。

「利用海水力量發電的潛力，愈來愈受到各國關注」，社團法人台灣海洋能發展協會理事長莊閔傑表示，海洋能開發是一個跨領域的整合科技，國際常見的海洋能發電可分為波浪能、海流能、潮汐能、溫差能等形式，

■富連海能源科技自行研發的150kW波浪能裝置，在海洋大學海洋能測試場進行實海域測試。（莊閔傑提供）

■位於八斗子漁港西內堤防的波浪能發電示範機組，屬於岸繫點吸收式，隨著堤防的波浪起伏變化吸收動能。（翁文凱提供）

其中波浪能、潮汐能在國際上都有併聯供電實例，如西班牙的Mutriku港有世界首座商業化的防波堤式波浪發電系統；法國1966年落成的朗斯潮汐電站（Rance Tidal Power Station）為最古老的潮汐能發電站，韓國始華湖潮汐能電廠則是全世界最大的潮汐能發電廠。

2011年建成的始華湖潮汐能電廠採用以防波堤為基礎的堰壩式系統，總裝置容量254千瓩（MW），其多數主要設備都位於海面下，透過海水漲退潮，一來一往產生的水流能推動渦輪發電機的螺旋槳，每年可發電量552百萬度（GWh），供給50萬人口用電。而負責電廠營運的韓國水資源公社（K-WATER）正準備擴大設置海水溫差、風力等發電設施，初步規劃將全年發電量提升至680GWh，支援鄰近產業園區達成100%使用再生能源的目標，預估每年可減排32萬公噸。

考慮經濟效益　台灣海洋能鎖定波浪、溫差、海流

可惜的是，台灣海岸線長達1,440公里，卻不利發展潮汐發電。臺灣海洋大學河海工程學系教授翁文凱解釋，潮汐發電的先決條件就是潮差要大，「水位差愈大的話，發電效能就愈高」，韓國始華湖潮汐電廠的潮差大約7公尺半，但台灣最大潮差就是在金門、馬祖、澎湖等離島，約5公尺左右，經濟效益不大。

經濟部能源署再生與前瞻能源發展組組長陳崇憲也說，工業技術研究院綠能與環境研究所曾在2015年盤點，台灣各地的潮汐大都在2公尺以下，與理想潮差6至8公尺仍有段差距；且傳統的潮汐發電必須要在海灣建立水壩，台灣西部海岸大多是平直沙岸，缺乏可供圍築潮池的地形，因此政府以波浪、溫差及海流發電為輔導發展重點。

經濟部宣示2030年要完成MW等級的的海洋能發電示範機組，2035年達成最多10MW商業運轉發電，數個案場已啟動可行性研究評估，包含綠島、東北角與台中港波浪、花蓮溫差與綠島黑潮等。

前國家海洋研究院院長、海大教授陳建宏指出，黑潮為世界第二大洋流，始於菲律賓，穿過台灣東部海域，沿著日本往東北方向流，相對日本，台灣海域的黑潮擁有離岸近、流況佳、流速高等特性，為台灣得天獨厚的海洋能源。且台灣目前已有學者和企業合作進入實海域測試，預計測試地點為綠島附近的海域；若測試成功，將是全球第一部經過實際海況嚴苛洗禮的機組。

另外，溫差發電是透過海洋表層的「溫」海水與海洋深層的「冷」海水進行熱交換，達到熱能轉換成電能的效果。陳崇憲說，台灣東部海域擁有獨特且特殊的海溝地形，向外海1.8公里處就可達到水深600公尺的深度，偵測水溫約攝氏7度、表層海水水溫約25至29度，台灣水泥股份有限公司正在花蓮和平電廠開發溫差發電，成為全球第一個MW級的海洋溫差發電基地，目標是2028年完成併網。

不過，溫差發電技術門檻高，除了地形，還須考慮海底布線、取水、防鏽蝕設備及維修等問題，翁文凱舉與台灣一樣地震、颱風頻仍的日本為例，以佐賀大學為主的研發團隊在1980年代便開始投入溫差發電的相關技術研發。2013年佐賀大學結合Xenesys公司、IHI工程建設公司及橫河電機公司，於久米島完成建置50瓩（kW）的溫差海洋能示範電廠，但光設備能放到海上（底）的費用就難以估計，因此日本的溫差發電發展至今還沒有突破性進展。

波浪發電潛力無窮　台灣急起直追

依據工研院2018年發布相關研究報告，台灣具有超過9.2百萬瓩

■2023年3月,中央研究院與國家實驗研究院簽署「海洋能及海洋科技研發合作協議」。(國研院提供)

　　(GW)的海洋能電廠設置潛力,單就波浪發電項目,其可開發潛力至少達2.4GW。而這也是台灣目前最多民間海洋能業者投入的項目,莊閔傑預期「波浪能應該發展最快」。

　　他介紹,波浪能主要利用波浪上下運動,將波浪的動力轉換為機械能,進而透過發電機轉化為電力,依設置地點可分為「岸際型」或「離岸型」。國際上包括英國、美國、瑞典、芬蘭、愛爾蘭等國都已在積極推動發展,國際組織也訂出2050年300GW裝置容量目標,「但台灣沒有經驗,目前都是業者自行或與學者合作研發示範機組。」

　　翁文凱獲得臺灣海洋大學新台幣800萬元研究補助後,於基隆八斗子漁港實機測試岸繫點吸收式波力發電系統,但因為2024年的幾場颱風大浪損毀,至今仍尋無經費繼續。而已經延退一年的翁文凱非常焦急,擔心退休後研發技術無法傳承,他不斷強調,「前端研發要能容忍失敗」,政府應當要再挹注研發經費,否則會失去先機。

前期研發燒錢，加上僧多粥少，有些等不及的民間業者引進國外業者技術，以科國際海洋能源公司就與以色列海洋能源公司Eco Wave Power（EWP）攜手，預計2025年完成100kW示範案場，有望成為台灣首個海洋能案場，未來第一階段設置目標為20MW，優先鎖定東部場域，並將持續推升至逾400MW。

投資風險高　政策支持簡化流程為發展關鍵

「光出海要租船、人員就很花錢了。」身兼富連海能源科技有限公司技術經理的莊閔傑表示，波浪發電對生態影響較小，技術可從岸邊漸漸往外海發展。但對以自主資金投入研發的業者來說，不論是場址開發或驗證測試，最難的不是技術，而是要面臨法規、資金等問題，且台灣各海岸、海域的管理機關不同，場址「一個卡一個」的申請流程曠日費時，公司在歷經兩年多與各管理機關交涉後，才摸索出不同類型場址的申請經驗，預計將在2026年設置完成第一座300kW場址。

另以鴻海旗下的富鴻網股份有限公司在蘇澳港申請實驗過程為例，光是海域使用申請需要溝通至少3個部會，歷時3年，依然無法運用蘇澳港的防波堤，只能到防波堤正前方100公尺處，因此相關業者最後都到澎湖等離島測試示範機組。

■2024年10月，美國密西根大學教授左磊（Lei Zuo）（左2）與其研究生來訪，與翁文凱（左1）的波浪能技術團隊學術交流，圖為雙方在波浪能發電系統上合照。（翁文凱提供）

台灣2050年海洋能目標為1.3GW至7.5GW，可減碳173萬噸至1,103萬噸，但至今海洋能仍有諸多難題，產學界疾聲呼籲政府應將海洋能發電與產業發展列為重要政策，依照台灣四周海洋條件發展特色海洋能，並指定主管機關整合跨部會單位推動，同時成立單一的申設主責窗口，優化場址申設程序與法規，提供相應資金工具，才能有助海洋能早日實現併網，成為台灣多元電力的一員。

海洋能種類及其特性

類別	能量來源	能源豐沛區	能量要素	穩定性
潮汐能	由地球表面海水因太陽及月亮的引潮力產生	緯度45°~55°大陸沿岸	與潮差的平方及港灣面積成正比	非常規律，潮差、流速及流向以半日、半月為主的週期變化
波浪能	由海面上風的作用產生	北半球兩大洋東側	與波高的平方及波動水面面積成正比	較不穩定，隨機性的週期變化，週期約為1~10秒
海流能	由地球自轉及海水溫度、鹽度分布不均引起的密度、壓力梯度或海面上風的作用產生	北半球兩大洋西側	與速度的平方及流量成正比	比較穩定
溫差能	由海洋表面與深層吸收太陽輻射熱量的不同及大洋環流熱量輸送而產生	低緯度大洋	與具有足夠溫差海區的暖水量及溫差成正比	相當穩定

資料來源：國家海洋研究院

向大海找能源
台灣黑潮發電不是夢

文 ◎ 林立恆

企業的淨零必修課

　　2023年9月，在台東外海的黑潮水域，一艘工作船吊掛著數十噸重的渦輪發電機，發電機外型就像一架雙螺旋槳飛機，有一片水下滑翔翼，左右各安裝了巨大的葉片。這是台灣第一座黑潮發電渦輪機，是國家海洋研究院的心血結晶。

洋流發電上岸　台灣開創歷史

　　工作船上的海事工程人員操作起重機，將這架洋流發電設備浸入水中時，有人在船上拉著繩索，保持機具穩定下降，最後再由潛水人員跳進海中，解開鋼索，讓黑潮發電機沉入海裡。

■2022年於小琉球附近海域測試作業，工作船吊掛20kW浮游式黑潮發電機，預備布放進入海中。（國海院提供）

■國家海洋研究院黑潮發電團隊,包括前國海院院長陳建宏(右2)、海洋產業及工程研究中心主任廖建明(右1)、副研究員鄭明宏(左1)、助理研究員李傳宗(左2)。(董俊志攝影)

之後水下監控設備傳來畫面,水流推動葉片在海裡帶動設備中的發電機,穩定將電力透過海底電纜輸送到岸上架設的接收站。

這是歷史性的一刻,雖然這架浮游式洋流發電機裝置容量只有20瓩(kW),台灣卻是世界第一個將洋流能轉化成電力輸送上岸的國家。這一切得來不易,自2009年第一期能源國家型科技計畫(National Energy Program, NEP I)啟動,經過長時間的海域探勘、機具研發與實海測試,才有這項傲人的成就。

感觸最深的,莫過於國家海洋研究院海洋產業及工程研究中心助理研究員李傳宗,先前他任職萬機鋼鐵工業股份有限公司時,就已投入研發洋流發電機,可說是台灣最懂海洋發電的人。談到開發洋流發電最大的挑戰,李傳宗坦言,困難之處在於「其實我們不懂海」。

波濤洶湧險象環生　學習與大自然打交道

台灣是少數具備開發洋流能條件的國家,全球第二大洋流——黑潮穿過台灣東部海域,再流向日本。而全球洋流發電進展速度最快的團隊就在美國、日本與台灣。

從能源開發的角度來看,黑潮終年流速穩定,約每秒1至2公尺,且流向固定,可以提供大量且穩定的電力。

洋流發電的原理類似風力發電,都是透過外力推動葉片轉動,再帶動發電機發電。但兩者最大差別在於,洋流發電要將發電機組布放到海中擷取洋流能,不只要找到海流最穩定的區域布放,還要面對變化莫測的海象。

國海院的浮游式洋流發電機在實驗室研發完成後,經歷多次的實海測試。李傳宗說,2022年於小琉球外海進行錨繫測試,想找一片平穩的海域布放機組,隨著工作船駛向外海,儘管他還能看見不遠處的岸邊遊客悠閒玩著水上立槳,看似風平浪靜,但自己所在的海域卻是波濤洶湧,工作船顛簸起伏,深怕機組布放過程發生意外。

另一次在台東外海實測時,光是把電纜從岸上拉到工作船,就花了8個小時,因為水流會把電纜沖走,牽動拖船的航線不斷偏離,當時工作船就在岸邊不遠處,但拖船必須加足馬力來回數十次才勉強到達。

「其實我們不懂海」這句話背後反映的是人類邁向再生能源時代,過程中不只是技術轉型,還要建立一支綜合性的海洋工程團隊,更要平等對待海洋生態,懂得與大自然打交道。

■計畫團隊於高雄港邊討論20kW浮游式洋流發電機組實驗結果。(國海院提供)

打造海洋產業　眾人合力拉電上岸

時任國海院院長的陳建宏率領黑潮團隊，肩負國家能源轉型的重任，這是推動台灣進入綠能時代的重要隊伍。

談及開發洋流能的困境，陳建宏表示，台日兩國都具備開發黑潮發電的條件，但日本是由大企業扶持，台灣產業結構以中小企業為主。因此陳建宏構思，除了研究發電技術之外，還需要結合機械、船舶以及海事工程，將黑潮發電視為台灣海洋產業技術力的綜合體。

2014年第二期能源國家型科技計畫（NEP II, 2014-2018），由財團法人船舶暨海洋產業研發中心董事長邱逢琛擔任執行長。邱逢琛認同黑潮帶來的洋流能值得利用，堅信必須由國人自行研發黑潮發電技術，並籌組一支開發團隊，由臺灣大學、臺灣海洋大學、台灣經濟研究院及台灣國際造船股份有限公司組成。

2019年國海院成立並接手開發，2023年完成洋流能輸電上岸的實海測試，打造出海洋產業的雛型。

這套由國海院團隊開發的洋流發電系統共有4個組件，100%台灣製造，是許多單位與廠商的技術結晶。

集結黑潮發電神隊友　再造護國神山

專研水下載具的臺大工程科學及海洋工程學系教授郭振華，擔任開發洋流發電機的計畫主持人。根據NEP I計畫對黑潮的研究結果，郭振華設想發電機應具備的功能，並希望發電機停留在定點，只須上浮或下潛，岸上監控人員可將發電機停留在水流穩定的海流層，最後設計出由纜繩錨固的浮游式發電機。

在這套系統中，最關鍵的葉片交由先進複材科技股份有限公司製作，使用纖維強化塑膠（fiber-reinforced plastic, FRP）製成，強度高且不易腐蝕，因為是複合材料，研發團隊可針對容易斷裂處在內部加裝支架，強化葉片結構。機艙的組裝由銳承科技有限公司負責，經實海測試，完全達到抗水壓及水密性的要求。

■2023年實海測試,工作船吊掛20kW浮游式黑潮發電機,預備布放進入海中。(國海院提供)

還有一顆沉重的錨碇固定在海底,用一條纜繩拉住承受水流沖力的浮游發電機,就像在海裡放風箏。這條纜繩由巨山興業股份有限公司製造,強韌且輕盈,發電機不會因纜繩的重量而沉入海底,監控人員才能準確將發電機定位在流速合適的深度。

發電系統不可或缺的電纜由大亞電線電纜股份有限公司製造,發電機將水流產生的電力透過電纜輸送到錨碇,再從錨碇連結鋪設在海底的電纜輸送到岸上的電廠;要將重達數十噸的浮游發電機與錨碇布放進海裡,考驗海歷企業股份有限公司工程團隊的施作能力。

陳建宏也和邱逢琛的理念一致,相信必須由國人研發黑潮發電技術。台灣95%的能源仰賴進口,離岸風電技術也是從國外引進,陳建宏認為能源轉型是台灣實現能源自主的大好機會,而且未來黑潮電廠集結的技術力「將是另一座護國神山」。

綠島洋流發電　商業化契機

20kW浮游式洋流發電系統完成實海測試後,證實台灣完全具備自主洋流發電的技術實力,不會被國外技術壟斷。然而浮游發電機的裝置容量不

斷提升與多次實海測試，經費消耗迅速攀升，陳建宏預估，100kW機組開發完成後，應該是產業接手的時候了。

100kW機組的任務，是將綠島變成洋流能示範島。綠島依靠柴油發電，需要從台東船運過去，颱風也會影響柴油運送，發電成本很高。李傳宗計算出綠島的用電量共需11台100kW機組，布放在一片0.2平方公里的水域，如此不僅可以改變綠島柴油發電的局限性，更可以精確計算發電效益與成本，作為商業化參考。

此外，國海院也針對綠島周圍水域放置觀測儀器，至今累積5年的資料量，海洋產業及工程研究中心主任廖建明將利用這些資料，算出商業價值最高的設廠水域。

「在綠島設廠之前，還要積極進行社會以及環境的影響評估。」廖建明強調，海洋不像石油，不是個人或國家宣稱可以占有的資產，而是必須好好認識的對象。

黑潮是上天給予的恩惠，邁向再生能源時代，台灣利用黑潮發電凝聚起國內產業，也讓我們更加認識台灣四周的海域。陳建宏對黑潮發電有很深的期許，他相信這整套技術不只適用於黑潮，或許將來也可以幫助東南亞小島發電，共同享受不需燃料、無碳排的電力。

年碳排九千萬噸
台電布局負碳技術

文 ◎ 劉千綾

台灣2022年碳排量逾2億8,000萬噸,面對2050淨零減碳目標,每年排碳量介於9,100萬噸到9,800萬噸間的台灣電力公司,減碳工作迫在眉睫。

「沒有低碳怎麼可能走到零碳?」台電綜合研究所副所長沈德振表示,邁向2050淨零目標並非一蹴可幾,台電近年推動負碳技術[1]、混氫和混氨[2]發電技術,透過試驗計畫確認可行性,進而放大規模,往下推廣到不同場域,採取先示範後導入、先低碳後零碳策略,逐步邁向低碳淨零目標。

碳捕捉試驗場域　台中電廠先行

由於火力發電廠是使用煤炭、天然氣、燃油等石化燃料進行發電,經過燃燒後會產生二氧化碳,因應2050淨零排放與穩定供電目標,碳捕捉與封存(Carbon Capture and Storage, CCS)對火力電廠是勢在必行的減碳路徑。

CCS是指將電廠或工廠的二氧化碳分離並收集起來,最後儲存於地質構造,避免二氧化碳排放到大氣中的技術。

沈德振說,由於火力電廠排放的煙氣包含氮氧化物、硫氧化物,發展CCS技術必須要先純化氣體,避免雜質影響溶劑吸收二氧化碳的效果,因此發展CCS的另一個好處是可以去掉煙氣排放的雜質,減少空汙。

觀察國際CCS技術發展實例,包括加拿大邊界大壩(Boundary Dam)

1　負碳技術:為使溫室氣體移除量大於排放量的技術。自然碳匯、利用科技進行碳捕捉與碳封存等,皆屬於負碳技術的範圍。
2　混氫、混氨:以混燒氫、氨替代傳統天然氣、燃煤,可降低發電過程中的碳排放。

■興達電廠。（台電提供）

燃煤電廠年捕捉100萬噸二氧化碳，每噸碳捕捉成本約為150美元；美國德州特拉諾瓦（Petra Nova）燃煤電廠年捕捉140萬噸二氧化碳，每噸碳捕捉成本約為90美元。

為有效管控碳排，全球邁入「碳有價」時代，台灣2025年也開徵碳費，一般費率定為新台幣300元。但若與碳費相比，至今碳捕捉的成本簡直天價。沈德振說明，碳捕捉成本高昂的關鍵在於碳捕捉的設備，包括吸附塔、溶劑專利等，現階段技術專利多掌握在外商手中，「新的技術所有東西都很貴」。

他進一步指出，電廠煙囪排出的煙氣約攝氏120多度，透過降溫至約40度，去除其中的雜質與水分後，再用吸收劑把二氧化碳吸附下來，因為溶劑在低溫時吸收效果比較好，約可抓住90%二氧化碳，透過程序調整也可以捕捉99%二氧化碳，但相對成本會增高。

台中電廠2019年完成實驗室微型碳捕捉設施，年捕捉6噸二氧化碳，使用的是國內的溶劑配方，未來碳捕捉規模每年將放大至2,000噸，國外購買的溶劑價格、技術專利、能耗問題以及是否具有經濟規模等，都將是台電未來發展CCS面臨的挑戰。

成立CCS專案小組　力拚年捕捉兩千噸

為持續推動CCS，台電於2024年9月籌組「CCS推動專案小組」，橫跨電源開發、研究、環保、工程及營建等單位，分別進行商業化規模CCS的推動協調統整、環評、工程細部設計和採購，以及碳封存業務等工作，並確保二氧化碳灌注及封存不會造成環境與生態的破壞。

台電規劃在台中電廠設立減碳技術園區，將捕捉下來的二氧化碳注入深部地層，打造讓碳捕捉和碳封存「一條龍」的成功案例；現正規劃在園區內設置碳捕捉廠（捕捉量2,000噸／年），預計在2027年開始捕捉，另於台中發電廠內建置碳封存灌注井（封存量2,000噸／年），預計2028年開始灌注試驗。

沈德振表示，當前的主要工作項目包括地質探勘、封存潛勢，會鑽監測井和注入井，其中監測井的用途為確認安全性和封存量，驗證完後才能在周邊打其他口井，碳封存商業化運作才得以正式啟動。

■台電於台中電廠內的減碳技術園區設置微型碳捕捉設施，年可捕捉6噸二氧化碳。（台電提供）

■2022年4月26日，台電與西門子能源公司簽署「混氫技術合作備忘錄」，由台電總經理王耀庭（右）、西門子能源公司台灣董事總經理John Kilpack共同簽署。（台電提供）

「如果沒有真正鑽井下去驗證，就無法得知真正的碳存量」，沈德振解釋，鑽井目的可觀察二氧化碳注入後是否影響土壤、地下水質等，作為了解碳封存後是否會有逸散現象，也可透過取出岩心分析獲得孔隙率數據，觀察岩層可以承受多大的壓力、岩層物質與二氧化碳結合會產生何種變化；若地質結構不適合碳封存，如孔隙率太低或相互間不連通，就難以達到經濟規模。

至於為何選定台中推動CCS計畫，沈德振透露兩大考量。首先，台中電廠能提供CCS設備裝置所需的土地；此外，透過台中電廠設置小型陸域風機，可以輔助碳捕捉過程中所造成的能源耗損。同時當初規劃在台中電廠用綠能產氫，產生出來的氫氣可與碳捕捉的二氧化碳結合成高價值的甲烷，達到能源整合效果。

碳捕捉下來的二氧化碳又該何去何從呢？沈德振表示，捕捉下來的二氧化碳純化後可以轉賣，也有很多廠商在詢問，用途包括製造乾冰以及工業用焊接氣體與食品業使用等；另外可運用在化工和農業領域，例如結合氫氣轉化為高價值化學品、提升植物產量，發揮二氧化碳循環價值。

除台中電廠計畫外，台電也規劃在林口電廠燃煤機組導入CCS技術先期可行性研究，陸續盤點林口電廠3部800千瓩（MW）燃煤機組條件，預計2026年完成研究；大林電廠燃煤機組則規劃導入百萬噸CCS技術，同樣將在2026年完成研究。

減碳工作刻不容緩，但與現行的法規對接卻仍有落差。台電表示，持續爭取碳封存、灌注等權益，也希望碳捕捉計畫作為未來環境部等機關修訂或訂定相關法律規範的參考，逐步完善CCS法規制度與管理機制，結合減量額度（Carbon credit）鼓勵措施。此外，鑽井涉及的土地問題，也須跨部會溝通解決。

助攻火力電廠減碳　混氫混氨計畫持續推進

根據2050年淨零排放路徑規劃，2050年再生能源供電占比將達6至7成，氫能為9%至12%，火力發電搭配CCUS（碳捕捉、利用與封存）則為20%至27%，抽蓄水力1%，除擴大再生能源占比及儲能系統之外，火力發電機組如何從低碳走向無碳亦是關鍵。

由於氫、氨不含碳分子，燃燒後並不會產生碳排，台電針對既有機組進行小規模混氫、混氨的示範計畫，其中台電於2022年與西門子能源股份有限公司（Siemens）簽署「混氫技術合作備忘錄」，興達混氫計畫打造全台首部可混燒氫氣的大型發電機組，已於2023年底提前達成階段性目標，於單一氣渦輪機組滿載（91MW）混氫5%。

不過氫能料源面臨運輸挑戰，沈德振表示，目前興達混氫5%計畫利用槽車供應氫氣方式執行，氣源為國內氣體供應商，僅少量供應氫氣，未來待潔淨氫氣來源供應穩定且充足、永久性輸儲設施搭配完善、符合國內相關氫能法規條件下，進一步評估未來氫燃料使用模式。

此外，台電也和中央研究院合作去碳燃氫發電應用技術，於2023年9月成功導入65瓩（kW）混氫型微氣渦輪發電系統，達成混氫10%目標，未來將擴大規模，希望將去碳燃氫技術應用於約5MW發電機組。

混氨方面，台電分別與日本三菱集團、IHI公司及住友商事簽署合作備忘錄，規劃林口及大林電廠既有各一部超超臨界機組推動「混氨示範計畫」，目標2030年前達成混燒至少5%發電示範。

碳捕捉過程

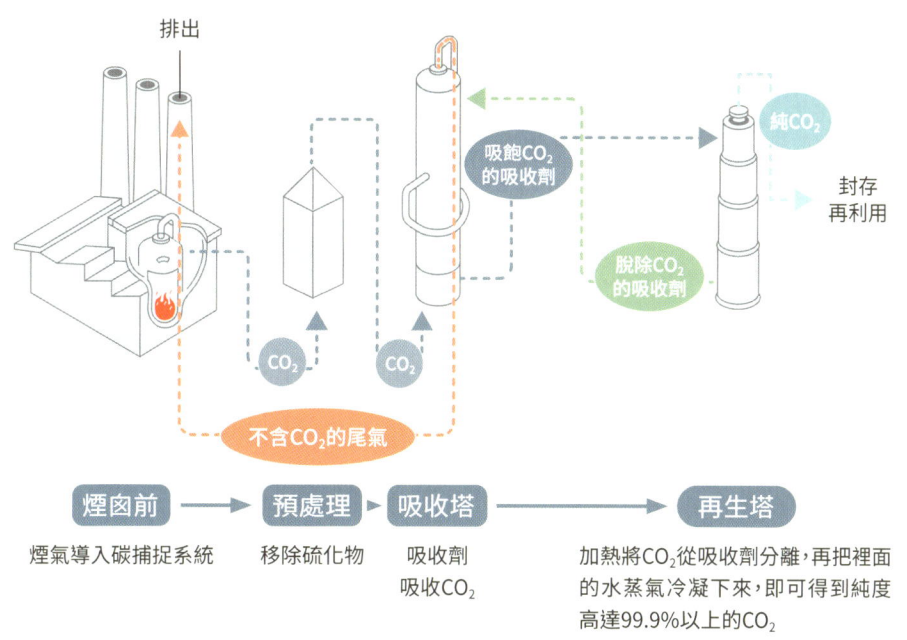

排出

吸飽 CO_2 的吸收劑

純 CO_2

封存 再利用

脫除 CO_2 的吸收劑

CO_2　CO_2

不含 CO_2 的尾氣

| 煙囪前 | → | 預處理 | → | 吸收塔 | → | 再生塔 |

煙氣導入碳捕捉系統　移除硫化物　吸收劑吸收 CO_2　加熱將 CO_2 從吸收劑分離，再把裡面的水蒸氣冷凝下來，即可得到純度高達99.9%以上的 CO_2

資料來源：台灣電力公司綜合研究所

　　沈德振表示，目前國際間只有日本開發燃煤混氨技術邁向商業化階段，加上國際潔淨氨能產量不足，現階段還無法大規模進口，且現階段國際火力機組廠商，像是IHI公司和三菱重工（MHI）設備大廠混燒技術仍在示範驗證階段。台電未來將視日本混氨技術發展及國際潔淨氨氣來源供應穩定且充足、基礎設施建置完善及符合國內相關氨能法規等條件下，進一步評估提高混燒比例或期程。

石化廠淨零總動員
不只減碳全力拚負碳

文 ◎ 曾仁凱

邁向2050年淨零排放目標，被視為排碳大戶的石化業近年不僅積極減碳，包括台塑企業、奇美實業、長春石化等國內大型石化集團，更嘗試發展各種負碳技術，雖然還有長路要走，但已經在路上。

石化業向來被視為排碳大戶，根據環境部氣候變遷署的統計資料，2022年台灣前30大溫室氣體排放量產業別分布，石化業占比47.97%排第一，遠高於第二名鋼鐵業的24.54%，和電子零組件業的16.79%。

石化業是產業發展的基礎，不僅是塑膠、紡織業的原料供應者，也供應電子、汽車等產業基礎原料，如果石化業能夠減少碳排放，就能協助下游產業減碳。

負碳技術的原理是讓二氧化碳的「移除」量大於人為碳排放量，藉此降低大氣中的二氧化碳濃度。其中，碳捕捉技術可區分成：燃燒後捕獲、燃燒前捕獲、富氧燃燒、工業製程如燃燒、氧化等；而移除則包括以科技、自然等方式儲存二氧化碳。為降低衝擊，近年來台灣大型石化集團前仆後繼，積極投入碳捕捉、利用與封存技術（Carbon Capture, Utilization and Storage, CCUS）各種試驗。

應戰淨零時代　石化廠搶灘負碳技術

身為台灣石化龍頭，台塑集團近年來減碳有成，不過，台塑企業總管理處安衛環中心資深副總經理黃溢銓卻一點都開心不起來，他直言「減碳總有極限，再怎麼減也不可能減到零」。要實現碳中和的終極目標，必須仰賴負碳技術。

■ 在經濟部技術處協助支持下，台塑攜手成功大學、南臺科大及工研院等，共同建置全台第一套「二氧化碳捕捉及再利用」前導示範場域。（台塑企業提供）

在經濟部技術處的協助支持下，2021年台塑攜手成功大學、南臺科技大學及工業技術研究院等，共同建置全台第一套「二氧化碳捕捉及再利用」前導示範場域，以高效能吸收劑醋酸鉀捕獲劑，捕獲工廠煙道所排放氣體中的二氧化碳，捕獲後利用工廠餘熱進行分離、純化與再生，大幅降低能耗。

透過完整的「二氧化碳捕獲」、「氫氣純化」以及「轉化再利用」等三大系統的循環經濟模式，試驗工廠以羧酸鹽類捕獲煙道氣內約11%至15%的二氧化碳，每日可捕獲二氧化碳約0.1噸，換算每年約36噸，並轉化為每年13噸的烷烴類再利用。

不過，台塑二氧化碳捕捉及再利用前導示範場域目前已經暫停，台塑主管私下透露，主因在於成本太高、捕捉量少，且捕捉過程會產生一些額外排碳。

黃溢銓表示，不只碳捕捉，還要將捕捉下來的二氧化碳轉化為其他產品或封存，才能達成零碳、負碳效果，他坦承，負碳技術處於早期開發階段，須克服成本高、耗能及額外增加碳排放等問題，儘管艱難，但這條路必須走下去。

固碳循環也是製造業淨零轉型的重要策略之一，奇美實業股份有限公司

與工研院合作,發展「煙道氣捕二氧化碳製造固碳PC技術」,利用工研院的新型催化劑與反應技術,將奇美製程中產生的二氧化碳捕捉下來,轉化為聚碳酸酯(PC)產品的中間原料二烷基碳酸酯(DRC),再結合奇美的PC製造技術,將DRC再合成為碳酸二苯酯(DPC),得到固碳DPC再與雙酚A反應,最終得到固碳PC。

奇美主管介紹,煙道氣捕二氧化碳製造固碳PC技術,在產出固碳PC過程中,相關副產物均可循環使用,產品原料只有煙道氣回收的二氧化碳和雙酚A,可較現行PC產品降低17%的碳排量,未來每年可減碳達17.85萬噸。

雖然只是減碳,還沒辦法達到負碳效果,但已向目標再推進一步。奇美的煙道氣捕二氧化碳製造固碳PC技術,2024年一舉奪下有研發界奧斯卡獎美譽的全球百大科技研發獎(R&D 100 Awards)。

國內另一重量級石化集團長春石化,與清華大學合作,在高雄大寮的大發廠展開「二氧化碳超重力旋轉床捕獲技術」專案,針對吸收劑配方固定化、長時間的使用壽命和操作損失等評估,確保技術穩定性和效益最大化。

■奇美實業打造碳捕捉實驗園區。(奇美實業提供)

長春石化的二氧化碳超重力旋轉床捕獲技術，碳捕捉下來的二氧化碳純度可達99.9%以上。為持續精進從管道捕獲二氧化碳的技術，長春集團2023年起再建置一套固定床吸收塔的二氧化碳捕獲工場，測試不同吸收劑配方，並與旋轉床設備做補捉效率和能耗比較，用以評估集團管道碳捕獲技術的最適方案。

台塑企業旗下台塑石化股份有限公司同樣與清華大學合作，在雲林麥寮廠執行「每日捕捉1噸二氧化碳示範計畫」，利用醇胺吸收液，通過超重力旋轉床，捕獲汽電共生機組煙道氣中約14%的二氧化碳。

除了碳捕捉，台塑石化同時展開對碳封存的探索，與中央大學合作，自2022年9月起，進行麥寮濱海區域之地質調查二氧化碳封存潛能評估，初步結果顯示台灣西部沿海地層具有良好的天然地質條件，且遠離斷層，可提升封存安全性。

負碳技術緩不濟急　學者籲企業善用碳權

負碳技術仍在研發過程，封存等法規依據也尚須討論制訂，有「台灣碳交易之父」之稱的臺北大學自然資源與環境管理研究所教授李堅明指出，「自然為本」是最好的天然負碳技術，包括森林、海洋和土壤，是地球最會儲存二氧化碳的天然倉庫。如植物會吸收空氣中的二氧化碳進行光合作用，樹木可以把空氣中4公斤的二氧化碳轉成1公斤的木材放到肚子裡，比起許多減碳技術頂多做到零碳，植樹可以達到負碳，是最好的自然碳匯。

可惜的是台灣面積小，沒有足夠土地種樹，李堅明表示，現在全世界都在朝低碳發展，可以預期未來減碳技術發展會相當快，再過幾年，應該就會有比較成熟、便宜的技術，屆時企業可以導入。但現在處於減碳技術尚未成熟、成本偏高的空窗期，臺灣碳權交易所先把國際上較便宜的碳權（減量額度）引進來，可以為台灣企業爭取多一些時間外，企業也須展現自主減碳的企圖心。

減碳目標超前　台塑落實循環經濟展現雄心

以台塑企業為例，2006年就成立全集團的「節能減排推動小組」，推動跨公司、跨廠整合，由總裁王文淵親自擔任召集人，台塑、南亞、台

■台塑企業2022年與國內電動機車廠商合作，推出員工新、換購電動機車補助計畫，創下國內大型企業首例。（台塑企業提供）

化、台塑石化等四大公司董事長一同參與，定期開會檢討，由上而下一條鞭式全力推動。2016年台塑企業再進一步納入「循環經濟」理念，由原物料、水資源、能源及廢棄物等多面向整合推動。

「台塑企業深信，推動節能減碳與循環經濟，最大的受利者，終究是我們自己。」黃溢銓表示，台塑企業減碳不是因為2050年淨零排放目標才做，而是很早就開始，台塑集團的排碳量，在2007年就已經碳達峰。

2007年，台塑企業的集團年碳排量6,148萬噸，為歷史最高峰，之後逐漸遞減。2021年，台塑企業正式對外宣布到2050年的零碳路徑，設定短中長期目標，以2007年為基準年，短期目標到2025年希望減碳20%，中期目標到2030年減碳35%，長期目標則是2050年能達到碳中和。

為此，台塑企業卯足全勁拚減碳，包括「煤改氣」，以天然氣取代傳統排碳量高的燃煤、燃油，朝低碳能源轉型；並善用新科技，運用人工智慧（AI）模擬及數位轉型技術，推動製程智能化，提升效率。

除了從製程下手，台塑企業全方位展開減碳大作戰，甚至把腦筋動到員工通勤。交通一向是碳排重要來源之一，2022年，台塑企業宣布與國內

電動機車廠商攜手合作，推出員工新、換購電動機車補助計畫，創下國內大型企業首例。截至2024年底，已有1,921名台塑企業員工透過專案申請，每年可減少碳排394公噸。

台塑企業多管齊下，節能減碳效果反映在數字上，根據統計，台塑企業2023年集團碳排量已降至4,694萬噸，比起2007年的峰值降幅23.6%，已提前達陣2025年減碳20%的短期目標，進度超前。

為達成碳中和目標，奇美實業在碳權交易領域持續摸索，2022年6月，奇美自新加坡氣候影響力交易所（Climate Impact X, CIX）購入1萬噸碳權，來源是經過獨立機構碳驗證標準（Verified Carbon Standard, VCS）認證的「柬埔寨及秘魯森林自然保育專案」，成為首家在CIX完成碳權交易及抵換的台灣企業。

隨著臺灣碳交所成立，奇美也一馬當先，參與碳交所首批國際碳權交易，2023年12月購入1萬噸國際碳權；2024年10月，環境部核發的6項碳權專案，首次在碳交所的國內減量額度交易平台上架，奇美也名列其中，以「天然氣替代重油抵換專案」參與平台啟用後的首檔交易，透過碳權交易取得的收入，再挹注到公司內部及上下游供應鏈，作為長期碳中和發展基金使用，形成良性循環。

2050淨零排放已是全球追求的目標，加上歐盟碳邊境調整機制（CBAM）預計2026年正式實施，曾經為台灣經濟立下汗馬功勞的石化業，正面臨重大挑戰，如何達成淨零永續目標，仍有長路。

全球最大碳捕捉廠
冰島長毛象除碳封存萬年

文◎辜泳秝

從冰島基夫拉維克國際機場（Keflavik Airport）出發大約2個小時的車程，一路上樹木稀少，平坦的苔原、草原是主要風景，還有不少冒著白煙的地熱源。

世界最大的直接空氣捕捉（Direct Air Capture, DAC）廠「長毛象」（Mammoth Plant）坐落在冰島最大的地熱發電廠赫利舍迪（Hellisheidi）旁不到1公里的地方，自2024年5月啟用，透過直接從空氣吸除二氧化碳並封存地底，達到移除碳實績。

■冰島適合設置直接空氣捕捉廠，但有時暴風雪會造成道路封閉等問題。（Climeworks提供）

創辦人滑雪驚覺暖化　設廠從空氣捉碳

建造長毛象廠的瑞士新創公司Climeworks，創辦人沃茲巴契爾（Jan Wurzbacher）及葛巴德（Christoph Gebald）熱愛滑雪，看見氣候變遷對阿爾卑斯山的影響與日漸消融的冰河，決定投身解決氣候變遷的工作。2009年兩人創立了Climeworks，並且在2012年發展出直接空氣捕捉的原型模組，2017年第一座商業捕捉廠「魔羯」（Capricorn）在瑞士啟動，每年碳捕捉量約數百噸。

Climeworks的另一座直接空氣捕捉廠「虎鯨」（Orca Plant）2021年在冰島啟用，每年碳捕捉量增至4,000噸。虎鯨廠的經驗對建造新廠有前例可循，Climeworks精進技術，3年後規模將近10倍的長毛象廠誕生。

根據聯合國環境規劃署（UNEP）2023年11月底公布的「2023年排放差距報告」（Emissions Gap Report 2023）[1]，若要達成全球暖化控制在升溫攝氏1.5度以內，人類必須在2030年前（比2019年）減少42%的碳排放量，而這相當於數十億噸的二氧化碳。

等待人類減排已緩不濟急，有些專家將希望寄託在負碳技術。常見的「碳捕捉與封存」（Carbon Capture and Storage, CCS）技術是將火力發電廠、工廠排放的二氧化碳分離、壓縮，再送去封存；Climeworks則採用另一種「直接空氣捕捉並封存」（Direct Air Carbon Capture and Storage, DACCS）技術，從大氣中攔截二氧化碳，再進行碳封存，減緩溫室效應。

冰島強風加持　年除碳等同減八千輛燃油車

長毛象廠猶如巨型空氣清淨機，大型風扇直接收集空氣，過濾提取空氣中的二氧化碳，再利用合作夥伴冰島新創公司Carbfix的碳封存技術，將二氧化碳與水混和溶解，打入800公尺至2公里深的玄武岩地層中，與地底下的礦物質發生交互作用，成為穩定的碳酸鹽礦物，這樣的封存方法可以將二氧化碳封鎖在地層中超過一萬年。

強風中長毛象廠的風扇全力運轉，虎鯨廠營運主任威廉斯（Maxim

---

[1] 聯合國環境規劃署每年發布「排放差距報告」（Emissions Gap Report），分析全球溫室氣體排放與減碳目標間的差距。

Willemse）表示，冰島時常有強風，對直接空氣捕捉的技術來說，有風最好，大量的空氣通過風扇更容易取得二氧化碳。直接空氣捕捉廠24小時運轉，如果沒有故障或意外的話全年無休。

威廉斯指出，冰島的地理與技術條件相當適合設置直接空氣捕捉廠，當然有時會遇上冰風暴或道路封閉等天候帶來的問題，另外冰島的可達性，如物流與勞動力也跟其他國家有些差別，但並非無法克服。

採訪時廠區外還有大型機具繼續運送風扇，威廉斯說，區內還在裝置風扇與二氧化碳收集器，完成後總共會有72組收集器，預估每年最多可以捕獲3萬6,000噸二氧化碳，相當於7,800輛燃油車的碳排放量。

高成本低效能　負碳技術仍須努力

碳捕捉的成本高，根據台灣環境資訊協會網站「環境資訊中心」2024年5月的報導，碳捕捉1噸的成本約1,000美元（約合新台幣3萬2,000元）；國際媒體網站「RECCESSARY」在2024年10月的報導指出，碳捕捉為新興技術，成本高，成功率僅落在50%至68%之間。

Climeworks聘請挪威風險管理服務機構DNV（Det Norske Veritas）[2]作為公正的第三方，對直接空氣捕捉廠的效能進行驗證。根據虎鯨廠2021年6月至2022年12月營運的檢驗報告，達到的碳捕捉量與可捕捉量之間有約5%至15%的差距，而天候狀況等因素足以令可捕捉量增加或減少20%，二氧化碳捕捉後處理的過程可能會再減少1%至10%，最後將建造廠房所產生的碳排放扣除（即灰色排放，Grey Emissions），又會減少10%至15%，最終才是可販售的碳淨移除量（Net Carbon Dioxide Removal, Net CDR）。

高成本與效能不足導致直接空氣捕捉技術經常受質疑，Climeworks發言人指出，直接空氣捕捉技術還處於起步階段，類似太陽能在1990年代時的狀況，因此產業升級與技術最佳化是這個產業接下來數十年努力的目標。

Climeworks發言人也表示，虎鯨廠與長毛象廠是世界第一個通過國際機構Puro.earth的Puro Standard認證，Puro Standard檢視包括直接空氣

2　挪威DNV是全球知名的第三方驗證機構，提供驗證、評估和訓練服務。

■長毛象廠的大型風扇直接收集空氣,過濾提取空氣中的二氧化碳。(Climeworks提供)

捕捉、礦物封存、二氧化碳的生命週期等重要指標。這代表Climeworks的直接空氣捕捉技術獲得國際驗證的信任與肯定。

Climeworks發言人說,UNEP設下的目標光靠大自然的存碳是達不到的,因此需要加入工程解方,直接空氣捕捉將會是減低大氣中二氧化碳濃度的重要關鍵,而當務之急就是將科技升級到足以滿足2050年減碳目標。

長毛象廠區執行直接空氣捕捉,讓Climeworks收集到許多珍貴的資料,並運用在實驗室技術研發上,也能利用這些資料來改進設計及能源使用效率。

Climeworks發言人表示,根據Climeworks第三代科技的成果來看,在2030年前應該能達到每噸二氧化碳捕捉成本250至350美元(約新台幣8,000到1萬1,200元)之間;每噸二氧化碳移除成本400至600美元(約新台幣1萬2,800到1萬9,200元)之間。

Climeworks相信,依照這個路徑穩定發展,2050年捕捉二氧化碳每噸的成本應該能降到100美元(約新台幣3,200元),而移除每一噸二氧化碳的成本降到100至250美元(約新台幣3,200至8,000元)。

捕碳台灣有潛力　地小人稠也辦得到

建造直接空氣捕捉廠有兩個先決條件，第一要有乾淨的再生能源，第二要有封存二氧化碳的空間。虎鯨廠與長毛象廠都是利用冰島豐富的地熱資源提供熱水與電力，冰島地底也有可以永久且安全碳封存的廣大玄武岩地層。

直接空氣捕捉廠所需要的空間不大，也是一項優勢，整個長毛象廠區的面積大約5公頃。從這個角度出發，威廉斯認為，台灣也有建造此類捕捉廠的潛力。

威廉斯曾經在台灣工作多年，他認為從技術層面來看，台灣已經開始發展再生能源，加上直接空氣捕捉廠具有高土地效能的優點，適合地小人稠的台灣，只不過必須找到合適的碳封存方式與地點。

有批評者認為碳捕捉技術可能淪為繼續使用化石燃料的藉口，威廉斯強調，人類幾個世紀以來所製造的二氧化碳，是造成現今地球升溫、氣候變遷的主因，為了永續發展，除了要移除現在製造的碳排，還必須移除過去所產生的碳，因此Climeworks提供的並不是可以製造更多碳排放的免死金牌，而是依照使用者付費的概念，將自己製造的碳排移除，並希望更多企業與個人共同負起責任。

Climeworks販售碳移除服務之餘，也不忘移除自己建廠所產生的碳排放。威廉斯指出，長毛象廠運作時不會製造碳排放，而建廠的碳排放量會從廠區所捕捉的二氧化碳總量中扣除，就算扣除這些碳排放量，長毛象廠的碳排整體來說還是負的。

威廉斯說，要解決氣候問題，碳移除只是其中一環，乾淨的再生能源也是重要的減碳解方，人類必須繼續開發乾淨的再生能源，氣候問題才可能得到緩解。

碳捕捉不再紙上談兵　目標2050年達十億噸

全世界每年需要從空氣中清除至少數以百萬噸的碳才可能達成氣候目標，長毛象廠的能力仍遠遠不及，但至少碳捕捉的發展不再是紙上談兵。

威廉斯表示，Climeworks碳移除規模比起UNEP的氣候目標雖然微不足

■Climeworks創辦人沃茲巴契爾（左）與葛巴德（右）感受到暖化對環境的影響，決定投身解決氣候變遷的工作。（Climeworks提供）

道，但是移除二氧化碳有利於全球氣候，不能等也不能停。他認為，就減碳重要性與對人類社會長遠的益處來看，直接空氣捕捉的成本不算高，還會隨著技術改善、產業規模提升等逐漸下降。

Climeworks對於2030年達成直接空氣捕捉與移除百萬噸、2050年達到10億噸的目標深具信心，正在推動的北極星（North Star）計畫要將技術升級並且達標。

Climeworks認為，透過這項技術封存的碳才不會重新回到大氣層，但要達到2050年的碳捕捉目標，除了產業界的努力，還需要有政策制定者、投資人、購買碳移除服務的客戶共同合作，一起為淨零減碳貢獻心力。

能發電又去廢
SRF成減碳幫手

文 ◎ 林孟汝、張雄風

因應快時尚及斷捨離風潮，許多人在換季、整理家中環境時，都有清除舊衣的需求，這時在街頭巷尾常見的回收箱就是最好的去處。而台灣是世界資源回收率最高的國家之一，多次登上《華爾街日報》、《衛報》、《赫爾辛基日報》等國際媒體，但你知道嗎，這些不要的舊衣，經過專利技術改製後其實可以當燃料發電。

近年來因飲食習慣、台商回流設廠等環境改變，台灣的生活垃圾與事業廢棄物不斷增加，從2016年的2,897萬噸，至2023年已上升至3,324萬噸，一座又一座的垃圾山成為各縣市政府的頭痛問題。甚至有些環保犯罪集團會將事業廢棄物運到人煙罕至的空地亂倒，謀取暴利，執法單位抓不勝抓。

為廢棄物找出路　SRF變減碳燃料

為解決全台逾半焚化爐老化整建及廢棄物去化難題，政府推動將適燃廢棄物做成固體再生燃料（Solid Recovered Fuel, SRF），據經濟部能源署指出，每1噸SRF約可替代0.86噸的煤。且將SRF替代煤炭為燃料，在歐洲已行之有年，瑞典、芬蘭都是其中的佼佼者。

沒有焚化廠的雲林縣，是台灣第一個把家戶垃圾做成SRF的縣市。2020年，雲林縣政府在虎尾設置ZWS（零廢棄資源化）系統，透過生物乾化去除家戶垃圾中的水分和廚餘，再將經由篩分、破碎、處理後的可燃廢棄物，賣給台塑六輕汽電共生廠作為燃料。雲林縣還因此獲得2024年「亞太暨台灣永續行動獎」金獎肯定。

■固體再生燃料SRF。(張雄風攝影)　　■學校實驗室利用造粒機將經過分選和均質化處理的廢棄物進行造粒。(王琳麒提供)

燒SRF居然可以同時解決廢棄物和發電,但這和焚化爐燒垃圾發電有什麼差別?高雄科技大學海洋環境工程系教授王琳麒說,一般焚化爐對焚燒的內容物沒有太多要求,以致有可能造成氯、汞的空污排放,SRF卻有明確規範,廢棄物需要初步分選,將可以再利用的金屬及不適燃成分挑出,再將選出的原料均勻化後製成燃料,以提高燃燒效能。

他進一步解釋,「SRF是廢棄物再利用的最後一哩路」,有些已經過再利用後的廢棄物,沒有二次再利用的價值,或者是廢棄物本身原來就比較難再利用的,才會去考量能不能利用剩下來的熱值來製成SRF。

不過,王琳麒強調,「燒什麼東西,就會產生什麼污染物」,就像人一樣,吃的東西不健康,身體就會不健康,所以並非所有廢棄物都能拿來製成SRF,有些廢棄物本來就是不適合燒,或是燃燒之後可能會產生讓人聞之色變的戴奧辛[1]等有害物質,就不能夠拿來做SRF。比如說營建類廢棄物

1　戴奧辛(Dioxin)又稱世紀之毒,來自於垃圾焚化、火災等熱反應以及各種工業過程的副產物。

裡的廢木材,可能會混雜一些電線、銅線、塑膠等等,就不含括在SRF可以收受的廢木材範圍內,以避免後端衍生的空污或其他二次污染,造成另外一個環境問題。

市場規模持續擴大　SRF品質控管成關鍵

近5年來國內SRF廠商及產量均倍增,但環保團體長期質疑SRF未嚴格規範,將其視為「燒垃圾」;再加上2020年12月起,臺灣立方能源股份有限公司、可寧衛能源股份有限公司和立疆開發股份有限公司3家公司陸續獲經濟部推薦,申請在桃園科技工業園區設立SRF發電廠,但卻在2024年3月遭桃園市政府廢止入園許可,引爆爭議,居民擔心這些發電廠會造成嚴重的空氣污染,影響生活品質和健康,甚至上街抗議。

SRF擁有低環境衝擊、低燃料成本、用於高能源效率鍋爐等優勢,有關SRF發電廠的設置管理,經濟部表示,廠商須依《電業法》、《再生能源發展條例》及《再生能源發電設備設置管理辦法》規定檢附相關文件提出申請,且依規定SRF發電設備所用燃料來源,須100%為國內一般廢棄物或一般事業廢棄物,並經環保主管機關確認;此外,發電效率須達25%以上,才適用躉購費率。

■廢棄物可以透過專利技術轉化成SRF。(Martin Mecnarowski／Shutterstock.com)

至於怎樣算是優質的SRF製造廠？王琳麒說，SRF製造廠需要通過政府監督把關後才能允許設立，絕不是把可以收受的廢棄物收回來混一混，就可以拿去賣了，中間需要一些分選及讓熱值均化的製造程序，才不會造成鍋爐、或是爐床產生燃燒不完全的現象，導致產生空氣污染物的可能，「等同是個把關的角色」。

「SRF最重要的是前面一定要做篩分」，王琳麒表示，至少要有純化、尺寸篩選、破碎、（光學）分選及空氣污染防制、抑制臭味及粉塵等主要設備外，且因回收的廢棄物，本身就是易燃物，消防設備也很重要。

而選用的設備則是跟該廠收受的廢棄物有關，若是屬於水分比較高的農業廢棄物，應該要有乾燥的設備，才能夠讓生產出的SRF熱值符合標準；如果廢棄物是比較蓬鬆的，就需要壓縮設備，讓製成的SRF緊實且易打包運送。

他也透露，市面上SRF大都呈顆粒狀，主要跟鍋爐的進料口有關外，另一個原因是「顆粒愈小，燃燒愈均勻」。

跨部會聯手　終止SRF亂象

為加嚴管制如戴奧辛、重金屬等空氣污染物，環境部修正《公私場所固定污染源應符合混燒比例及成分標準之燃料》、《公私場所固定污染源燃料混燒比例成分及防制設施管制標準》及《鍋爐空氣污染物排放標準》等管理辦法外，也於2024年6月組成「SRF輔導團」，全面體檢及輔導全台SRF製造廠及使用廠，並在9月公布全台66家SRF廠商體檢結果，約有2成SRF廠商須退出SRF市場。

同時，2025年1月，環境部就全面體檢所發現的問題，發布「SRF白皮書初稿」與《共通性事業廢棄物作為固體再生燃料原料再利用管理辦法》（SRF管理辦法）。白皮書揭示SRF產能與市場，管理辦法則提升法規管理位階，強化轉廢為能的管理。

王琳麒認為，SRF使用有它的歷史背景，這幾年制度及法規已經慢慢上軌道，但執行面要回到各個縣市環保局，定期查核現場，就會讓SRF亂象終止，真正成為減煤、減碳的幫手。

瑞典燒垃圾發電
轉廢為能全球典範

文◎幸泳秝

　　垃圾是被許多人視為一文不值、避之唯恐不及的東西，台灣各地垃圾焚化爐及發電廠興建地區都會引發民眾抗爭，然而瑞典的垃圾焚化發電機組大多鄰近市區，不僅融入居民生活圈，瑞典人還把垃圾轉化成能源，利用焚燒垃圾發電與供熱，不夠燒再從其他國家進口垃圾，供應境內超過100萬戶家庭暖氣、約60萬戶用電，讓垃圾變黃金。

　　瑞典從1960年代開始大規模興建焚化爐，隨著科技日新月異，焚燒取代掩埋成為瑞典處理垃圾最主要的方式。

98%垃圾都能再利用　為百萬戶供熱

　　瑞典境內共有36座垃圾焚化發電機組，利用焚燒垃圾發電與供熱。根據

■瑞典林雪平科技能源園區電廠。（Tekniska verken i Linköping AB提供）

瑞典廢棄物管理協會（Swedish Waste Management）統計，瑞典已是利用垃圾發電量最高的歐洲國家，平均每噸垃圾可以製造3千瓩時（MWh）的電力，焚化垃圾供熱的家戶數則占了全瑞典使用供熱系統家戶數的1/5左右。

2023年瑞典全國生活垃圾總量為450萬噸，相當於平均一個瑞典人一年製造垃圾約431公斤。

2023年瑞典的生活垃圾中56%進入焚化爐，透過燒垃圾產生能源用來發電與供熱。其他27%左右的生活垃圾進入資源回收系統，約15%透過生物有機回收，只有約2%的生活垃圾最終掩埋。換言之，瑞典將近98%的生活垃圾都能經由不同的方式再利用。

垃圾不夠燒仰賴進口　非照單全收

由於回收做得好，焚燒的垃圾不夠用，瑞典還要從其他歐洲國家進口垃圾，包括挪威、英國、義大利、德國等，根據瑞典環境保護署（Swedish Environmental Protection Agency）統計，2022年進口垃圾約45%來自挪威，來自英國的垃圾占了14%。

2010年起，瑞典每年進口垃圾量約100萬噸；2018年中國禁止進口「洋垃圾」後，瑞典每年進口的垃圾量維持在300萬噸。瑞典《工業日報》（Dagens industri）報導，2018年瑞典焚燒的垃圾中20%至25%都是進口垃圾。

各國將垃圾出口到瑞典，必須支付一筆處理費，雙方訂定的合約中詳細規定垃圾必須分類，也會明確規定垃圾的體積。瑞典對進口垃圾並非照單全收，舉凡電器用品、輻射垃圾、動物遺體或屠宰廢棄部位、橡膠輪胎、有彈簧的家具、金屬、園藝廢棄物等都要剔除。

瑞典還會隨機抽查進口垃圾，一旦發現不合格便整批退回，退貨的費用與相關支出由垃圾出口國支付，這個機制迫使他國更謹慎處理出口垃圾，同時確保進入瑞典焚化爐的垃圾都能符合規定。

友善環境　燒垃圾勝過掩埋

外界好奇瑞典為何需要進口垃圾？瑞典廢棄物管理協會能源再生技術顧

問史文森（Klas Svensson）表示，瑞典人也製造了很多的垃圾，只是瑞典的垃圾處理量能遠超過需要處理的垃圾量。

此外，瑞典規劃能源再生的垃圾焚化廠時，已將未來人口及經濟因素納入考量。史文森說，當人口與經濟成長時，垃圾量通常會跟著增加，可是瑞典的狀況是，人口大幅成長及經濟高度發展，垃圾卻沒有同步增量。

史文森認為，這可能有幾個原因，消費者選擇更永續的產品，也減少了不必要的消費；垃圾處理與資源回收工作進步了，進入焚化廠的垃圾自然跟著減少，這是很令人欣喜的發展，垃圾焚化廠多餘的處理空間就需要從外國進口垃圾來填補。

多數國家與瑞典的情況恰好相反，燒垃圾的量能不夠，焚化廠的數量不足，只能繼續以掩埋處理，但垃圾掩埋製造大量甲烷，甲烷帶來的溫室效應比燒垃圾產生的二氧化碳高出28倍。史文森說，進口垃圾運輸加上焚化廠排放二氧化碳對於環境的影響，還是比垃圾掩埋來得小。

減碳不自滿　杜絕塑膠垃圾危害

垃圾焚化讓瑞典發電與供熱產業的產值從1990年至2023年提高了50%，但碳排放卻少了41%。瑞典環保署發現，瑞典溫室氣體總排放量之所以能有效降低，燒垃圾的能源再利用扮演了重要角色。

瑞典已是全球垃圾回收及減碳模範生，但並未因此自滿，還在努力減少垃圾的塑膠含量。

塑膠是碳氫化合物，和石油類似，燃燒塑膠垃圾帶來化石碳排放。史文森表示，焚燒塑膠垃圾的化石碳排放所製造的經濟成本很高，近年來處理化石碳排放價格落在每噸70到100歐元（約新台幣2,400到3,400元），焚化爐產生的二氧化碳中有40%至50%是化石碳排。

史文森說，1噸混合垃圾通常會製造1噸的碳排放，其中會有一半的化石碳排，這對每年動輒焚燒數十萬噸垃圾的發電廠來說會是一大筆開銷，有害環境又增加經濟成本。

當地發電廠近年來積極找尋解方，將化石二氧化碳在煙囪裡就分離掉。

■瑞典斯德哥爾摩市一處資源回收箱。(iuliia_n/ Shutterstock.com)

目前瑞典在焚燒發電供熱產業最重要的淨零策略是，盡可能減少甚至阻絕塑膠進入焚化爐，並且在未來新一代的焚化爐都必須有碳捕捉與封存（CCS）系統。

例如斯德哥爾摩能源公司（Stockholm Energi）計畫在焚化爐煙囪採用CCS技術，減少碳排放，未來新建的焚化爐都會內建CCS技術。林雪平（Linköping）科技能源園區（Tekniska verken）計畫建造精密的垃圾分類廠，杜絕塑膠垃圾進入焚化爐。梅拉倫湖能源公司（Mälarenergi）則透過與垃圾處理公司橫向合作，提高塑膠回收數量，並引起輿論對塑膠垃圾的關注，另外利用「碳14定年法」[1]測量不同來源的垃圾中所含的化石與生物含量，然後汰換含量高的客戶，或透過更積極的合作方式改變客戶提供的垃圾內容物。

焚化爐與民共處　垃圾分類重中之重

在台灣，垃圾焚化爐及發電廠選址及營運極易引發民怨，反觀瑞典36座垃圾焚化發電機組大多離市區不遠，有些甚至就在市區裡，例如供應斯德哥爾摩南區電力與市中心供暖系統的赫格道倫廠（Högdalenverket），僅離當地購物中心不到3公里；瑞典最大的梅拉倫湖垃圾焚化發電6號機組（Mälarenergi Block 6）距離最近的幼兒園也只有3公里。

垃圾焚化發電廠之所以能鄰近住宅區，除了瑞典人對於焚燒垃圾能源再利用有比較開放的態度，瑞典政府對管制垃圾焚化爐排氣比其他產業更嚴

---

[1] 碳14可測定固定汙染源排放出的總二氧化碳中，含多少生物質衍生和化石燃料衍生的二氧化碳。

格,而且歐盟針對焚化發電機組的氣體排放也有相關規定,發電廠自然對於清除排氣及預防有毒物質不敢輕忽。

以焚燒垃圾產物戴奧辛為例,瑞典環保署統計,從1990年到2023年,發電與供熱產業的戴奧辛排放量已經減少了83%。

「在建造垃圾焚化爐時,跟民眾展示並解釋焚化爐如何運作是很重要的」,林雪平科技能源園區技術部長艾列茲(Mile Elez)表示,他們會告訴民眾基於事實的資訊,例如焚化是處理垃圾比較環保的方式,可以減少垃圾進入大自然等。

艾列茲強調,了解當地各行為者的互動關係,配合這些既有關係,調整垃圾焚化發電廠的規畫,是事前必須準備的重要工作。

瑞典焚燒垃圾發電減碳,能否成為台灣發展再生能源環境永續的借鏡?史文森直言,想建造垃圾焚化發電廠的國家要知道,焚燒垃圾並不是萬靈丹,前提是先做好垃圾分類,「必須要知道垃圾量會有多少,組成內容物為何,也需要有優良的分類系統,把各種垃圾分類好。」

他更不忘提醒,「焚化發電廠要能運作,得要向丟棄垃圾的各個行為者收取處理費,這些費用要能夠支付發電廠的各種開銷,光是透過發電收入無法永續支撐發電廠運作。」

■瑞典一般住宅區的回收場將家戶垃圾做初步分類。(辜泳秝攝影)

附錄：企業減碳自我檢核表

表1 企業減碳壓力之自我檢核表

	企業減量自我檢核	可對應的查驗標準
國內法令	☐ 能源署：能源查核申報	☐ ISO 50001
	☐ 環境部：溫室氣體排放量盤查登錄 ☐ 金管會：上市櫃公司溫室氣體盤查之資訊揭露	☐ ISO 14064-1
客戶要求	☐ 配合提供產品溫室氣體排放量	☐ ISO 14067
	☐ 配合進行供應鏈溫室氣體盤查	☐ ISO 14064-1
	☐ 供應鏈配合承諾RE100	☐ ISO 14068 / ISO 14064-1 Annex E
	☐ 供應鏈配合承諾環境管理	☐ ISO 14001
國際壓力	☐ CDP：碳揭露	☐ ISO 14064-1
	☐ 碳邊境調整機制 　（Carbon Border Adjustment Mechanism, CBAM）	☐ ISO 14067
自主宣告	☐ 簽署RE100承諾	☐ ISO 14068 / ISO 14064-1 Annex E
	☐ ESG永續報告自訂溫室氣體減量目標 ☐ 科學基礎減量目標倡議 　（Science Based Targets initiative, SBTi）	☐ ISO 14064-1 ☐ ISO 14064-2 ☐ ISO 50001 ☐ ISO 59004

BSI 英國標準協會台灣分公司提供

表2 企業組織型溫室氣體管理之自我檢核表

ISO 14064-1附錄B溫室氣體排放類別			自我檢核項目(參考)
類別1	直接溫室氣體排放與移除	☐固定式燃燒源 ☐移動式燃燒源 ☐產業過程(工業製程)排放與移除 ☐人為系統逸散 ☐土地利用、土地利用變更和林業排放與移除	☐燃料使用量 ☐製程排放量 ☐冷媒填充量或逸散量 ☐汙廢水排放處理情形 ☐土地利用改變情形
類別2	由輸入能源產生之間接溫室氣體排放	☐輸入電力 ☐輸入能源(蒸汽、加熱、冷卻和壓縮空氣)	☐外購電力使用量 ☐外購蒸氣量
類別3	由運輸產生之間接溫室氣體排放	☐貨物上游運輸與配送 ☐貨物下游運輸與配送 ☐員工通勤 ☐運輸客戶和訪客 ☐商務旅行	☐貨物重量 ☐貨物配送移動距離 ☐員工通勤距離與通勤方式 ☐客戶和訪客交通距離與方式 ☐出差距離與交通方式紀錄
類別4	由組織使用的產品所產生之間接溫室氣體排放(上游)	商品類: ☐購買貨物排放(含能源上游) ☐資本財排放(總排放/分期攤提排放) 服務類: ☐處理固體與液體廢棄物的排放 ☐資產使用產生的排放(租賃的設備) ☐上述子類別中未描述的服務產生的排放(諮詢、清潔、維護、郵件遞送、銀行等)	☐電力使用量 ☐燃料使用量 ☐購買商品項目與使用量 ☐資本財項目與使用量 ☐廢水處理量 ☐廢棄物處理量 ☐租用設備使用情形 ☐採購服務使用情形
類別5	與組織的產品使用相關連之間接溫室氣體排放(下游)	☐產品使用階段的排放或移除 ☐下游租賃資產的排放 ☐產品生命終期的排放 ☐投資產生的排放	☐產品使用階段的使用 ☐下游租賃資產的使用 ☐產品生命終期的使用 ☐投資項目的排放量
類別6	由其他來源產生的間接溫室氣體排放	無法報告於任何其他類別的任何組織特定排放(或移除)	☐有,界定此特定類別之內容 ☐無

BSI 英國標準協會台灣分公司提供

表3 企業產品碳足跡量化之自我檢核表

ISO 14067條文		對應內容	自我檢核項目(參考)
6.2	PCR的使用	☐國際產品類別規則 ☐國際間商定特定行業文件的要求和指導	☐因應客戶需求與預期應用
		☐國內溫室氣體產品類別規則	☐申請環境部碳標籤
6.3.3	功能單位	☐產品系統量化績效的參照單位	☐確認功能或宣告單位為CFP-PCR中定義的單位
	宣告單位	☐部分CFP僅能使用宣告單位	
6.3.4	系統界限	☐CFP研究單元過程	☐掌握排放和移除單元過程 ☐界定一致性截斷準則
6.3.5	數據和數據品質要求事項	☐具備財務管制或作業管制之個別過程應蒐集現場特定數據	☐掌握場址特定數據(直接測量) ☐掌握非屬場址特定數據之一級數據(經第三方查證之直接量測數據) ☐掌握二級數據(非直接測量)
6.3.6	時間界限	☐具有代表性的時間區間	☐定義代表性的時間區間(年內和年際間)
6.3.7 6.3.8	假設	☐使用階段	☐可驗證產品使用壽命,使用概覽可代表所選定市場的實際使用模式
		☐最終處理階段	☐掌握產品最終處理情景應反映當前市場並代表最可能的替代方案
6.4.6	分配程序	☐將投入與產出分配至不同產品	☐掌握數個分配程序(基本物理關係、經濟價值比例)進行敏感度分析 ☐依據ISO/TS 14027制定之PCR分配程序不須進行敏感度分析

BSI 英國標準協會台灣分公司提供

企業的
淨零必修課

國家圖書館出版品預行編目(CIP)資料

企業的淨零必修課 =
A required class on net zero for businesses/
中央通訊社著. -- 初版. -- 臺北市：中央通訊社, 2025.04
　　面；　公分
ISBN 978-626-99552-0-6(平裝)
1.CST：碳排放 2.CST：永續發展 3.CST：企業經營

445.92　　　　　　　　　　　　　　　　　　114002505

出 版 者	中央通訊社
董 事 長	李永得
社　　長	胡婉玲
副 社 長	陳正杰
出版委員	梁惠玲、黃淑芳、黃瑞弘、梁君棣、吳協昌、許雅靜、彭欣怡
顧　　問	劉哲良（中華經濟研究院能源與環境研究中心主任）
作　　者	中央通訊社
攝　　影	王飛華、張皓安、張新偉、董俊志、裴　禎、鄭清元
編　　輯	林孟汝、陳姿伶、楊迪雅、任紋儀
封面設計	范育菁
美術編輯	張瓊尹、范育菁、劉姿嘉、卓育麟
印　　刷	久裕印刷事業股份有限公司
初　　版	2025年4月
Ｉ Ｓ Ｂ Ｎ	978-626-99552-0-6
ｅＩＳＢＮ	9786269846191
定　　價	新台幣550元
訂 購 處	1. 中央通訊社資訊中心出版組 　　104472　臺北市松江路209號8樓 　　電話：（02）2505-1180　分機817 　　傳真：（02）2515-2766 2. 國內各大書局

郵政劃撥帳號　　15581362財團法人中央通訊社

中央通訊社網址　　https://www.cna.com.tw
讀者服務E-mail　　books@cna.com.tw

有著作權・侵害必究　　＊ 本書採用具環保認證的紙張印刷＊